水先案内人

―瀬戸内海の船を守るものたち―

森隆行　著

晃洋書房

はじめに

水先案内人《みずさきあんないにん》は、水先人《みずさきにん》あるいはパイロットという。飛行機のパイロットと区別するためにシーパイロットという言い方をすることもあるが、一般的には、パイロットと呼ぶ。また、法律用語などでは水先人を使用するため、タイトルは水先案内人としたが、本文では、一般的呼び方であるパイロットあるいは水先人を使用する。

パイロットは船舶を安全に導くという重要な役割を担っているにも関わらず、同じ自由業である医者、弁護士や公認会計士などと比べて知名度は低い。一般に水先人といってもその職業を知っている人は少ない。

ある水先人の話である。名刺を見て「水先人」（スイセンニン）って何の仕事ですかと聞かれてショックを受けたという。

筆者は、外航海運会社に三〇年あまり勤務した。もちろんパイロットという仕事は知っていた。しかし、例えば、内海水先区の業務内容が他の水先区とは全く違うことを知ったのは最近の事である。これまでパイロットの事をほとんどわかっていなかったことに気付かされた。海運会社に長いこと在籍していてもこの有様である。一般の方が、知らないのも当然である。ましてや、パイロットの仕事が、時には命がけの仕事であることなど知る由もない。

パイロットは皆、誇りとプライドをもって仕事をしている。その仕事が、認知されていないことを知らされる気持ちは痛いほどわかる。

もっとパイロットのことを知ってほしい。社会に認知されることが、パイロットのモチベーションアップにも繋がるかもしれない。そうした気持ちから本書の執筆に取り組んだ。日頃、水先業務に携わっている人より、むしろパイロットの知識のない一般の読者を意識して書きすすめた。執筆にあたっては、できるだけわかりやすいことを心がけた。しかしながら、パイロットの世界では、嚮導《きょうどう》、輻輳《ふくそう》など一般には使うことのない特殊な言葉や専門用語が多く使用される。文中でできるだけルビを振る、あるいは説明を加えるなど工夫をした。また、第Ⅳ部にはQ&A、巻末に用語解説を載せたので参照してほしい。

本書の出版にあたっては、大泉勝会長はじめ内海水先区の皆さん、乗船取材や座談会への参加を快くお引き受け下さった川島慧子パイロット、坂本洋之助パイロット、長南宰司パイロット、橋本孝亮パイロット、岡崎明彦パイロット、山下武樹パイロットそして晃洋書房編集部の丸井・阪口両氏等多くの方のご協力を頂きました。厚くお礼を申し上げます。

二〇一七年一月

森　隆行

目次

第Ⅰ部　瀬戸内海の船の守り神たち

1 瀬戸内海の船を守る女神

――川島慧子《けいこ》

「トン、トン、トン」、神戸製鋼加古川岸壁に停泊する一万六千総トンのパナマ籍の貨物船「ラッキー・シーマン」に架けられた三メートル程のタラップを、若き女性パイロットは、足早に登って行く。舷門にたどり着くと、日に焼けた中国人の三等航海士がにこやかに迎えた。「グッドアフターヌーン」と互いに挨拶を交わす。すぐさま、三等航海士がブリッジへ案内を始めた。

三等航海士に続き、「タッタッタッタッ」と船内の階段を小走りに駆け上がる。学生時代にカッター（短艇）で鍛えたおかげでそれなりに体力に自信があり四階分の階段も息が切れることはない。

「グッドアフターヌーン」ブリッジでは、中国人の船長が親しみを込めた言葉で迎えてくれ

ブリッジで鞄から七つ道具を取り出し、
無線機を確認する川島

た。

「グッドアフターヌーン、キャプテン」女性パイロットも笑顔で応じる。

ラッキー・シーマンの謝船長と仕事をするのは今回で四回目。船の癖もよくわかっている。

謝船長との簡単な打ち合わせのあと、彼女は早速、肩にかけていたバッグから、双眼鏡、海図、コンパス、ディバイダー、三角定規、救命胴衣、トランシーバーなどパイロットの七つ道具を取り出し、準備に取り掛かる。パイロットサポーターに電子海図が入っているが、ほとんど見ることはない。瀬戸内海のチャートはすべて頭の中に入っているからだ。

彼女の名は川島慧子、三〇歳。今年で五年目になる水先案内人《みずさきあんないにん》だ。水先案内人は、正式には「水先人《みずさきにん》」という。英語では「パイロット」。だが、飛行機のパイロットと違って、自らが直接に船の舵輪《だりん》を操作することはない。

海のパイロットは、日本の港や水域に対する豊富な知識と高度な操船技術を兼ね備えた専門家であり、船舶を無事目的地まで航行できるように手助けをする。あくまでその役割は船長の補佐役である。

川島が所属するのは、全国三五に分けられた水先区の、内海水先区《ないかいみずさきく》だ。船の世界は、昔から男社会だ。彼女はその中で初めての女性水先人である。まず、その経緯を振り返ってみたい。

◇

川島は、山口県下関市で生まれた。父親は、外航貨物船の一等航海士を最後にドックマスターに転身。その父親の影響もあり、小さいころから帆船に憧れていた。「帆船に乗りたい」という思いが膨らむ中、神戸大学海事科学部では六ケ月の帆船による実習があると知り、地元の普通科高校卒業後、神戸大学海事科学部に入学した。二〇〇四年春のことである。卒業後は、漠然と海運会社への就職を考えていたところが、最近の海運会社の航海士は、海上勤務より陸上勤務が長いという話を耳にした。少しでも船に乗っていたいという思いで迷いが生じていたところ水先法が改正され、それまで三年以上の外国航路の船長経験が無いとなれなかったパイロットが、新たに設けられた水先養成コースを修了することでなれることになった。目指す道は決まった。神戸大学海事科学部卒業後、二〇〇八年一〇月、海技大学校水先養成コース一期生として入学。二〇一一年同大学校水先養成コースを修了し、同年一一月、水先人三級の国家試験に合格すると内海水先区に入会した。少しでも長く船に乗りたい。難所と言われる来島海峡を通航したい。瀬戸内全域をその守備範囲とする内海水先区を選ぶことに迷いはなかった。入会後一年半の研修期間を終え、二〇一三年八月より単独での水先業務を許され、二〇一五年、二級に進級するための四ケ月の研修を経て、二級水先人試験に合格、二〇一六年二級水先人となった。

◇

一六時、いよいよ出航だ。

川島は、無線機を手に、左舷《さげん》側ウイングに出る。八月の日差しは肌を刺すように強い。気温は、すでに三十度を超えている。直射日光で熱せられたウイングの温度は、四十度を超えているだろう。

通常、大型船が離岸する際には、タグボート（曳船《えいせん》）が支援する。今回は、早駒運輸所属の「早春丸」（三六〇〇馬力）と「早富士丸」（三〇〇〇馬力）が本船の艏《おもて》（船首側）と艉《とも》（船尾側）にロープ（タグライン）を繋ぎ待機している。

「こんにちは、よろしくお願いします」。まずは、本船離岸支援のために待機している二隻のタグボートへの挨拶だ。「よろしくおねがいします」二隻のタグボートからも、それぞれ挨拶が返ってくる。挨拶は、パイロットとタグボートのコミュニケーションをスムーズに行うためだけでなく、無線の感度確認を兼ねている。離岸作業でタグボートとの最初の交信は、①トランシーバーの感度確認、②挨拶と作業配置の伝達、③タグラインをとるオーダーの三つの

ウイングでタグボートに指示を出す川島（奥は船長）

意味がある。

艏《おもて》のタグボートを一番、艉《とも》のタグボートを二番と決め、以後、一番、二番で指示を出す。本船は左舷付なので右回転で離岸だ。「一番、二番、三時デッドスロー（Dead Slow）」の指示。岸壁に平行に離す。「一番、三時、スロー（Slow）で引け」「二番、三時、ハーフアップ（Half Up）」川島が、二隻のタグボートに次々に指示をだす。タグボートへの引く方向の指示は二時、三時と時計のような言い方でオーダーを出す。本船は、ゆっくり岸壁を離れる。タグボートの力加減、前後の二隻のタイミングがずれると船体が岸壁に接触するため繊細なタグボートの動きが要求される、その指示を出すのがパイロットの役割だ。

まもなく船は無事離岸し、灼熱のウイングからブリッジ内へ移動。ラッキー・シーマンは、一九九一年建造の老朽船だ。ブリッジには扇風機が回っているだけだが、それでも炎天下のウイングよりはましだった。

ブリッジでは、レーダー及び目視で周囲の状況を確認する。「コース〇八五」と、クォーターマスター（操舵手《そうだしゅ》）に針路を指示すると、クォーターマスターが、「コース〇八五」、パイロットの指示を復唱し、舵を針路に合わせる。

「大阪マーチス、こちらラッキー・シーマン、明石海峡航路入航予定時刻一八時三五分の予定です」。明石海峡通過の予定時刻を計算し、淡路島にある海上交通に関する航行情報提供や航行管制業務を行う「海の管制官」大阪マーチスに連絡を入れる。「ラッキー・シーマン、こちら大阪マーチス。明石海峡航路入航時刻予定一八時三五分、了解です」。大阪マーチスから確認の返事が届いた。明石海峡通過時は小型船が多く、右側通航が原則だが全長五〇メートル

ウイングで岸壁と本船の様子を見ながらタグボートに指示を出す川島

ウイングから周りの状況を見る川島

タグラインを引き本船の離岸を支援する
タグボート「早春丸」

未満の小型船はこのルールが適用されない。そのため北から合流してくることも多いことから瀬戸内海で一番気を遣う場所のひとつだ。明石海峡航路を航行する場合、一般貨物船は前の船の五分後、巨大船の場合は一五分後でないと航路に入れない。そのため、事前に航路入航予定時刻を大阪マーチスに連絡し、変更の場合は、都度連絡を入れなければならない。

　パイロットは船に備え付けの無線電話とパイロットが自ら持参するものの二つの通信手段を使い分ける。船の無線をＶＨＦ、パイロット所有のものをトランシーバーと呼び区別する。すべての船はＶＨＦの一六チャンネルを聴取する義務がある。交信する場合は、まず一六チャンネルで相手を呼び出し、応答があればチャンネルを変更し、要件を伝える。トランシーバーは、一五チャンネル、一七チャンネルしかなく、その交信可能範囲も約三〜四マイルと限られている。ト

2つの通信手段

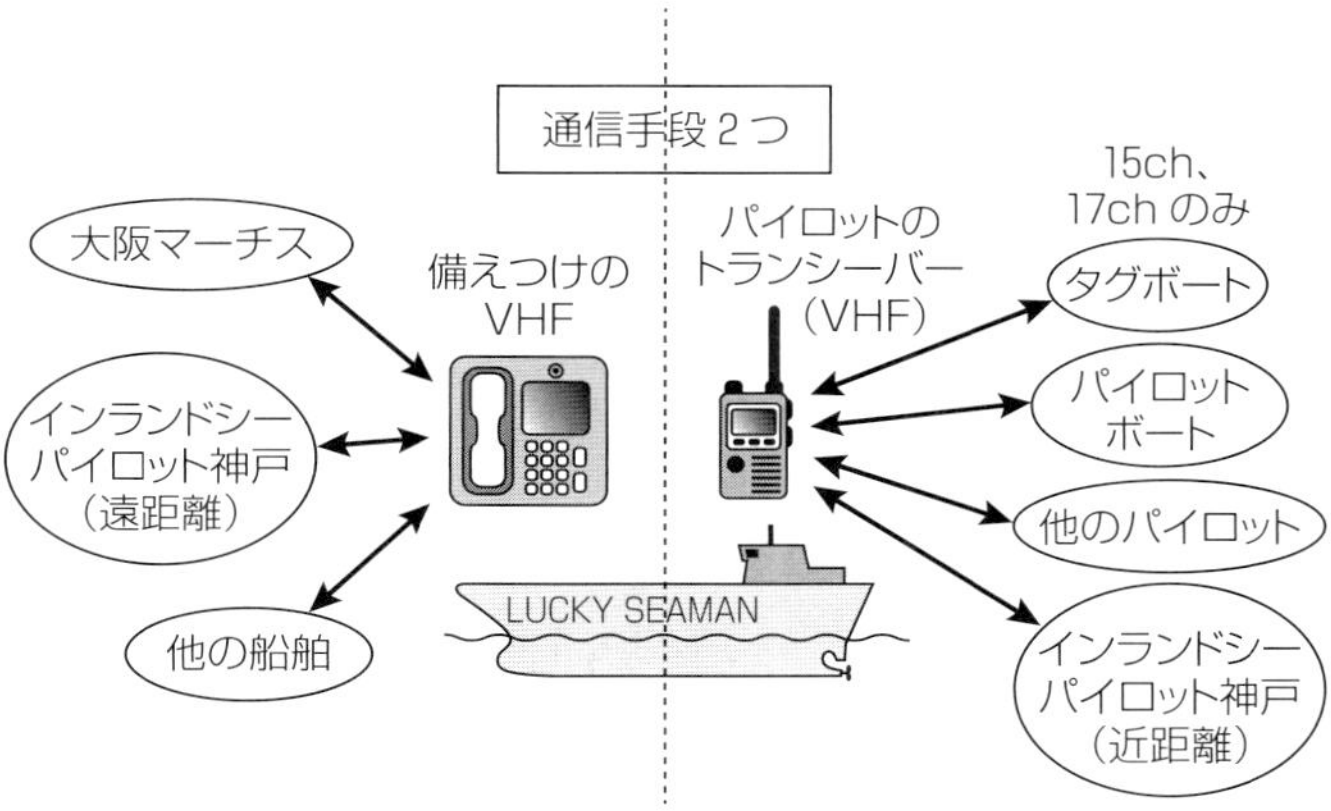

ランシーバーは、タグボートやパイロットボートとの交信に使用する。

今回の仕事は、明石海峡を通過した後、須磨沖で下船する予定だ。須磨沖にはパイロットボート（水《みず》先艇《さきてい》）が迎えに来る。パイロットボートの合流時には本船の速度を六ノット調整し、船が動いている中で下船する。本船速度、海象、気象を考慮に入れた綿密な計算が必要だ。

播磨灘沖に出て、周りの状況を確認すると、やっと一息つくことができる。先ほど船長が差し入れしてくれたパックジュースを手に取る。やっと水分補給だ。ジュースを飲みながらも、川島の目は、常に、周囲の状況をチェックし続けている。

「セヴィラ・クヌッチェン、小山キャプテン、こちらラッキー・シーマンの川島です。感度いかがで

ブリッジの川島

すか」。大型ＬＮＧ船が同方向へ航行するのを確認するとすぐさま無線で連絡を取る。姫路の妻鹿《めが》ＬＮＧターミナルを出港したＬＮＧ船だ。乗船中のパイロットの名前は事前に調べてある。無線でお互いの針路を確認、ＬＮＧ船に先を譲り、ＬＮＧ船の後ろを行くことになった。針路二八〇度に変針する。操舵するクォーターマスターに針路変更の指示を出す。明石海峡航路入航が若干遅れる可能性が頭を過《よぎ》る。

海上ではパイロットが乗船している船とすれ違うことも多い。どの船に誰が乗船しているかは、専用のサイトで確認できるので事前のチェックは怠らない。すれ違う時には必ず無線で情報交換する。気象情報や船の混み具合なども必須情報だ。

小型船を避けるために都度コースを微修正しながら船は明石海峡へと順調に進んでいく。ＬＮＧ船を避けての進路変更も大きな影響はない。予定通り間もなく明石海峡だ。

「インランドシーパイロット神戸、こちらラッキー・シーマン。須磨沖パイロットステーション一八時五〇分着予定。パイロットラダーはどちらの舷でしょうか」。

「こちらインランドシーパイロット神戸、須磨沖一八時五〇分着、了解。大阪湾パイロット一八時四五分着次第乗船です。パイロットラダー左舷側でお願いします」。

「ラッキー・シーマン、了解です、ありがとうございます」。

内海水先区や大阪湾水先区、パイロットボートへの連絡はすべて、インランドシーパイロット神戸を通して行う。パイロットボートを本船の右側（右舷）に付けるか、左側（左舷）に付けるかは、海上の波や風と本船の進行方向を計算してパイロットボートが決める。

「キャプテン、スタンバイ、パイロットラダー、ポートサイド、プリーズ」。神戸ポートラジオからの連絡を受け、船長にパイロットラダーを左舷側で下すよう依頼する。パイロットラダーは、水先人が走行中の本船に乗下船するための縄梯子《なわばしご》だ。

一八時三五分、予定通り明石海峡を無事通過。まもなく須磨沖だ。本船速度を六ノットに減速する。

トランシーバーでインランドシーパイロット神戸を呼び出す川島

パイロットボート「あんじん」

大阪湾パイロットボートが近づいてきた。ここで大阪湾パイロットと交代だ。まず大阪湾パイロットが本船に乗船。ブリッジで引継ぎを行う。周りの状況、コース、本船のエンジンについてなどを簡単に伝え、ライフジャケットを着用し下船だ。三等航海士が案内役となり甲板へ急ぐ。左舷中央部から降ろされたパイロットラダーが夜の灯光器の光の中に浮かび上がる。

下には、本船に横付けされた内海水先区のパイロットボート「あんじん」がスタンバイしている。天気も良く、海は穏やかだが、それでもパイロットボートは波に揺られて大きく上下する。パイロットラダーの下までくるとパイロットボートの上下動のタイミングを計って、乗り移る。一連の業務の中で最も危険が伴う瞬間だ。無事、パイロットボートに着地し、キャビンに落ち着くと一ケ月前に竣工したばかりのパイロットボート「あんじん」は、三五ノットの高速で進み始めた。メリケン波止場まで十数分だ。

これで、今日の仕事は終了。パイロットボートのキャビンでやっとホッと一息つく。安堵と満足の混じった充実感を味わう瞬間だ。川島は、「この瞬間がたまらない」という。パイロットボートに揺られ、空に瞬く星をぼんやりと眺めながら考える。「今夜の夕食は何にしようかな」。

◇

メリケン波止場でパイロットボートを下船すると車で十数分の、神戸市内のアパートへ帰宅。今朝、家を出たばかりだが、久しぶりに返ってきたような安堵感。まもなく二一時になろうとしている。早速、遅い夕食の準備に取りかかる。三食、自炊だ。普段、現場では一人で仕事を進めている川島だが一人の外食には少し抵抗がある。かといって、不規則な仕事の性質上、前もって友達と約束するのは難しいし、学生時代の友達の多くは、結婚や仕事で神戸を離れてしまった。パイロット仲間もそれぞれ個別のスケジュールで動いているため会うことはあまりないという。

仕事の入っていない朝は遅い。「時間を気にせず寝ていられることが幸せだ」と川島は言う。午後は、スポーツクラブにでも行って汗を流そうかなど考えながら、ひたすらボーッと過ごす。

川島の待機日は、朝寝坊、買い物、スポーツクラブが基本。「これって、ちょっと、おやじっぽい？」と本人も気にしている様子だ。そうはいっても、週一回は、海図の改補、そして沈船等の最新情報の交信や操船の復習などやることは多い。結構忙しい。

明日の夜からは、一週間の門司《もじ》で待機するよう連絡が入っているため、明日の夕方には門司に向かわなければならない。

内海水先区では、パイロットの休日は一ケ月のうち、六日間。実際に船に乗って仕事をするのは一ケ月で一〇隻程度だ。その他の時間は、ひたすら待機。船舶の動静は刻一刻と変化する。船を待たせることがないよう、船からパイロットの要請があれば、即対応できる体制をとっている。内海水先区の守備範囲は、須磨沖から関門海峡の入り口まで、及び豊後水道と広い。神戸からその都度、出向いていては時間がかかるため、一五〇人いる内海水先区のパイロットは、一定期間交代で門司に滞在しているため、ほぼ全員が門司にアパートを借りている。これは、広い範囲に責任を持つ内海水先区の特徴だ。待機の間は、何時《いつ》、呼び出しがあっても対応できるようにしていなければならない。仕事が入っていないからといって深酒は出来ないし、遠出も出来ない。もちろん、土曜、日曜、祝日、あるいは年末年始も関係ない。船は、一年三六五日、何時でも入出港するためパイロットも年中無休だ。

水先人は、あくまで船長のアドバイサーとされているが、複雑な瀬戸内海の海域や港に関する専門家である水先人に船長は命を預けているに等しい。船長と水先人の信頼関係が何より大事だ。また、水先人の世界は、昔から男社会。女性の水先人は世界でも珍しく、川島はパイロットになった当初、戸惑うことも多々あったという。女性ならではの苦労話に耳を傾けてみよう。

◇

ある日の、航海中のことだ。「海面が黒いが、浅瀬でもあるのか」と、ある船のフィリピン人当直航海士が聞いてきた。川島の頭の中には、瀬戸内海全域の海図がしっかりインプットされている。この辺に浅瀬はない。「雲の影です。浅瀬はありませんよ」と川島が答えると、船長は、満足そうに握手を求めた。その時、「ああ！　若いから試されたんだな」と直感的に感じたという。他にも、ストレートにこれまでのパイロットとしての経験を聞かれることもある。彼らにしたら、命を預けるに等しいのだから仕方ないと自分で納得している。パイロットの七つ道具には、従来の紙のチャートはもちろん、パソコンにも電子チャートがインストールされているが、川島は、水先業務中は、まずチャートは見ない。船長や乗組員に不安を与えないためだ。だから、瀬戸内海の状況はすべて頭に入れているのだ。

また、インド人船長のとある貨物船でのことだ。下船に際してパイロットボートから、パイロットラダーを左舷で下ろしてほしいという要請に対して、インド人船長は、右舷であるべきだと譲らないことがあった。説得するのは、川島しかいない。本船の向きや、風、うねりなどの状況を説明し、なぜ左舷である必要があるかを理詰めで説明してやっと納得してもらえた。この時、川島は、乗船中に先輩から聞いていたインド人との接し方を身をもって体験した。彼らは、常に理詰めで物事を考えるのだ。今では、国籍や性格に応じた対応が取れるようになった。

もう一つ川島の中で引っかかっていることがあった。本船とパイロットボートの乗り降りの際のことだ。パイロットにとって一番危険な瞬間は、パイロットボートから本船のパイロットラダーに移る、またパイロットラダーからパイロットボートに乗り移る時だ。実際に、これまでに海に転落して死亡した例も少なからずある。海に転落すると、本船とパイロットボートに挟まれることもある。本船も低速といいながらも航行しているため、夜だと見つけることも困難となる。そのため、パイロットボートの乗組員は、パイロットがパイロットラダーを掴むと同時に、鞄やお尻を押してパイロットラダーの確保を手助けしたり、パイロットラダーからパイロットボートに乗り移った瞬間に腕や腰を掴んで安全を確保するのが普通である。川島はこれらの移動の際、お尻を押されたり、腕を掴まれたことはほとんど経験がない。あるとき、先輩のパイロットから、川島にとっては、ちょっと意外というか心外な話を聞かされた。パイロットボートやタグボートの乗組員が、パイロットとはいえ、若い女性のお尻を押したり、腕を掴むことに躊躇するというのだ。そのため、一瞬手が出ないのだと。川島にすれば、そんなことは気にしないで、まず「安全を最優先して欲しい」という。周りが、川島を女性とか若いとかではなく、単なる一人のパイロットとして見てくれるまでにはまだ少し時間が必要かもしれない。

性別以外のことで、他に川島が苦労しているのが、現場で仕事相手の顔を覚えるということだ。

川島は、人の顔を覚えるのが苦手という。大手の船会社の場合は、船長を含め航海士、機関士などの職員は、会社支給の作業服に肩章《けんしょう》をつけており、肩章で役職がわかる。しかし、多くの貨物船の乗組員は、肩章もつけていないため乗船時、船長に挨拶するも、次に船長に声を掛けようとした時にどの人が船長だったかわからなくなったことがある。川島が咄嗟《とっさ》に「キャプテン！」と少し大きな声で呼びかけたところ、少し離れたところで返事があり、やっと認識したということも。川島の大胆な一面が伺えるエピソードだ。

◇

川島は、今の仕事に満足しているし、誇りも持っている。一方で、人生設計においては将来への漠然とした不安もある。パイロットは個人事業主である。年金や保険の面では、一般の会社勤めとは大きく異なる。女性としても、三〇歳を超えた今、結婚や出産を考えると少し憂鬱になることもあるという。結婚したら、子供が出来たら、仕事は続けられるのだろうか。川島は、パイロットの仕事が大好きで船に少しでも接していたいという気持ちが強い。産休制度はあるが、不規則な仕事と子育てを両立できるのか一抹の不安を拭いきれない。内海水先区ではまだ、女性パイロットの育児経験者はいないため、川島自身が切り開いていくしかない。

◇

二〇一五年末、川島は、二級水先人試験に合格。二〇一六年九月から二級水先人としての業務が始まった。今まで、二万総トン以下の船が業務対象であったが、二級水先人になると五万総トンの船まで対象となる。夢である来島《くるしま》海峡の単独水先業務も可能だ。夢の実現は目の前だ。

二〇一九年に二人、同じ内海水先区に女性パイロットが誕生する予定だ。その翌年には、さらに一人の女性パイロットが入会する見込みだ。川島が切り開いた女性パイロットの道に後輩たちが続こうとしている。

本船で業務中の川島は、凛々《りり》しく引き締まったとてもいい表情をしている。そして、一旦船を離れると、柔らかく繊細な女性らしさの溢《あふ》れる別の顔になる。

「今の仕事は楽しい。もっともっと多くの船で仕事をしたい」と語る川島。きりっとしたその視線の先には、来島海峡を航行する大型船のブリッジに立つ自分の姿が見えているのかもしれない。

2 瀬戸内海の船の守り神

――坂本洋之助《ようのすけ》

二〇一六年一〇月二八日午前八時、新居浜別子磯海岸、住友金属鉱山別子事業所の岸壁に停泊中のパナマ籍貨物船「グローリアス・サワナ」（二万七千九一総トン）のブリッジ。船長と打ち合わせをする水先人・坂本洋之助六九歳の姿があった。

グローリアス・サワナは、パプアニューギニアのポートモレスビーで積み込んだ銅鉱石を新居浜で揚げ荷の後、ロシアに向かう。

◇

一時間前の午前七時にルートイン新居浜を出た。前日に、水先業務の連絡を受けた坂本は、神戸から前日に移動、宿泊していた。本船には、海上をタグボート「にいはま丸」（三六〇〇馬力）に便乗して海側から乗船する。本船の船首付近にはもう一隻のタグボート「こまち丸」（四〇〇〇馬力）がスタンバイしている。

午前七時五〇分、本船右舷に到着。天気は曇り、まだ雨は降り始めていない。すでに準備されているパイロットラダーを登ると甲板上にはフィリピン三等航海士が待っていた。「グッドモーニング、サー」。「グッドモーニング」と、坂本も挨拶を返す。すぐさま坂本のバッグを代わりに持ち、ブリッジへ先導した。言葉使い、パイロットへの礼儀、きちんと肩章をつけた制服を着ていることから乗組員への教育が行き届いていることがうかがえる。

午前八時、「グッドモーニング。キャプテン」坂本が船長に声をかけると「グッドモーニング。キャプテン」と、船長も坂本に敬意を込めて応じる。そして、救命胴衣を外す間もなく、出港後の航路、門司到着予定時刻などを打ち合わせ、本船のエンジンの状況など基本的な事項を確認する。

船長と航路の打ち合わせ中の坂本パイロット

タグボート「にいはま丸」、前方が
「グローリアス・サワナ」

その後、今やパイロットの七つ道具のひとつとなっている「パイロットサポーター」をバッグから取り出し、セッティングする。これは、内海水先区がメーカーと共同開発した瀬戸内海航行支援ソフトで、内海パイロットのほとんどが利用している。

「こまち丸、にいはま丸、こちらグローリアス・サワナ、パイロット坂本です。感度いかがですか」。二隻のタグボートに挨拶と無線の確認を呼び掛けると、それぞれから「感度良好、よろしくお願いします」と返事が返ってきた。

「係船ロープ、レッコ」岸壁に待機している作業員に係船ロープの切り離しを指示するとロープが外され、本船のウインチで巻き取られた。

午前八時一〇分、いよいよ出航だ。二隻のタグボートの力を借りて、本船はゆっくりと岸壁を離れる。

続いて午前八時一五分、「レッコ、タグライン」の声で、タグボートと本船を繋ぐタグラインが切り離される。同時に、「スロー・アヘッド」、「スターボード一〇」の指示で三等航海士が「スロー・アヘッド」、操舵手が「スターボード一〇」を復唱、操作する。

そして八時二〇分、「作業終了しました。御安航を祈ります」。それぞれのタグボートから作業終了の報告と別れの挨拶が無線を通して聞こえ、坂本も「ありがとうございました」と答え

パイロットラダーを登る坂本

ウイングからタグボートに指示を出す坂本

タグボートに曳かれ岸壁を離れる
グローリアス・サワナ

役割を終え離れてゆく二隻のタグボート

る。やがて、役目を終えた二隻のタグボートが本船を離れていった。関門パイロットと交代する部埼《へさき》パイロットステーション到着は一九時予定。これからまた、一〇時間以上の長い勤務だ。瀬戸内海の最大の難所である来島海峡を通るため、自然と緊張する。坂本は、一息つきながら頭の中で来島海峡の通過イメージを描いていた。

◇

坂本は、一九四七年岡山県玉野で生まれた。一九六七年、広島商船高等専門学校を卒業し、日本郵船に入社した。船員になったのは、海上保安庁に勤務していた父親の希望であった。長男は、一般企業に就職したため、次男には船員になってほしいという父の期待に応えた。日本郵船では三等航海士として在来貨物船で主に地中海航路や黒海航路を行き交った。しかし、外国航路の船員は、朝起きて通勤するという普通の生活を望む自分には向いていないと感じ、一九七三年、日本郵船を退職。日本高速フェリーに入社した。当時は、長距離フェリー網が拡充された時期に当たり、船員の需要も多かった。外国航路よりフェリーの方が普通の生活に近いということでフェリーを選んだ。当時の上司からは、日本郵船を止めると将来パイロットになりたくてもなれないぞ、と引き留められたがそれも仕方がないと退職の決意は変わらなかった。日本高速フェリーでは、二等航海士として、名古屋〜高知〜鹿児島や高知〜勝浦〜東京などの航路に勤務した。その後、日本高速フェリーは、資本系列が何度も変わり、社名も都度変わった。二〇〇五年、ブルーハイウェーラインの社名の下、大阪〜志布志航路「さんふらわあさつま」の船長を最後に五八歳で定年退職。

パイロットは、航海士にとって憧れの職業である。大手船会社で航海士、船長と経験を積んで、いつかパイロットにというのを夢見ていた。これまではパイロットは実質的に大手船会社の出身者がほとんどでフェリーの船長からパイロットになったものは皆無であった。しかし、時代が変わり、坂本が定年退職を迎えたころからパイロットが不足するようになり、フェリーや巡視船の経験者もパイロットになれるようになった。こうした状況変化を背景に、坂本は退職後一年かけて水先試験のための勉強に取り組んだ。そして無事、試験に合格、二〇〇六年、憧れの内海パイロットになった。坂本、五九歳。フェリー業界から水先人になった最初のケースである。

「日本郵船を退職した時に、パイロットの道はあきらめていたので、まさかパイロットになって瀬戸内海を航行できるとは思いもよらなかった」と坂本は振り返る。パイロットが憧れの存在だった時代を生きてきた坂本にとって、今が最も充実し、やりがいを感じている。

◇

いよいよ来島海峡が近づいてきた。しまなみ海道の大島から四国の今治に架かる来島大橋の辺りは、多くの島が点在し瀬戸内海で最も風光明媚《ふうこうめいび》な海域である。しかし、航行する船舶にとっては難所として知られる海域で最も緊張を強いられる海域だ。「夜間や、雨で視界の悪い時には、ここを通過するのは避けたい」と、この海域を熟知している坂本はいう。実際に安全確保のために、内海水先区では、巨大船（二〇〇メートル以上の船舶）の来島海峡の航行は、昼間で潮流が三ノット以下でかつ、中水道の航行に限定している。中水道に限定しているのは、西水道は変針が多く、操船が難しいためである。

来島海峡が船舶の航行の難所と言われるのは、点在する島を縫うように航行しなければならないこともあるが、世界で唯一の「順中逆西」という特殊な航海ルールにある。基本的に船舶は右側通航であるが、来島海峡では一日二回代わる潮の流れによって右側・左側の航行が変わる。大島と四国の今治市の間に在る仲渡島と馬島の間を中水道と、馬島と今治市の間を西水道と呼び、潮の流れと同じ方向の場合は、中水道（順中）を、潮の流れと逆方向に進む場合は西水道（逆西）を航行するというものだ。仲渡島と馬島の間はわずか四三〇メートルである。このように、時間帯により航路が変わる海域というのは世界で来島海峡だけである。瀬戸内海の航行になれない外国船の船長にとっては、この海域に精通しているパイロットは頼りになる存在である。かつては、この海域を知り尽くした村上水軍が、朝鮮通信使の船団の水先案内も務めたのであろう。

グローリアス・サワナのフィリピン人船長、フォーチュナト・カストロ（四七歳）は船長暦一五年、かつては日本の大手外航船社の船の経験もあるというベテランで日本への寄港も多く、フィリピン人、ミャンマー人、中国人といった多国籍の乗組員二一人を統率する。そのフォーチュナト・カストロ船長は、「瀬戸内海ではパイロットは絶対必要だ」「内海パイロットは、みな瀬戸内海の状況をよく知っているので安心できる。一〇〇パーセント信頼している」と言い

来島海峡の航行規制《順中逆西》

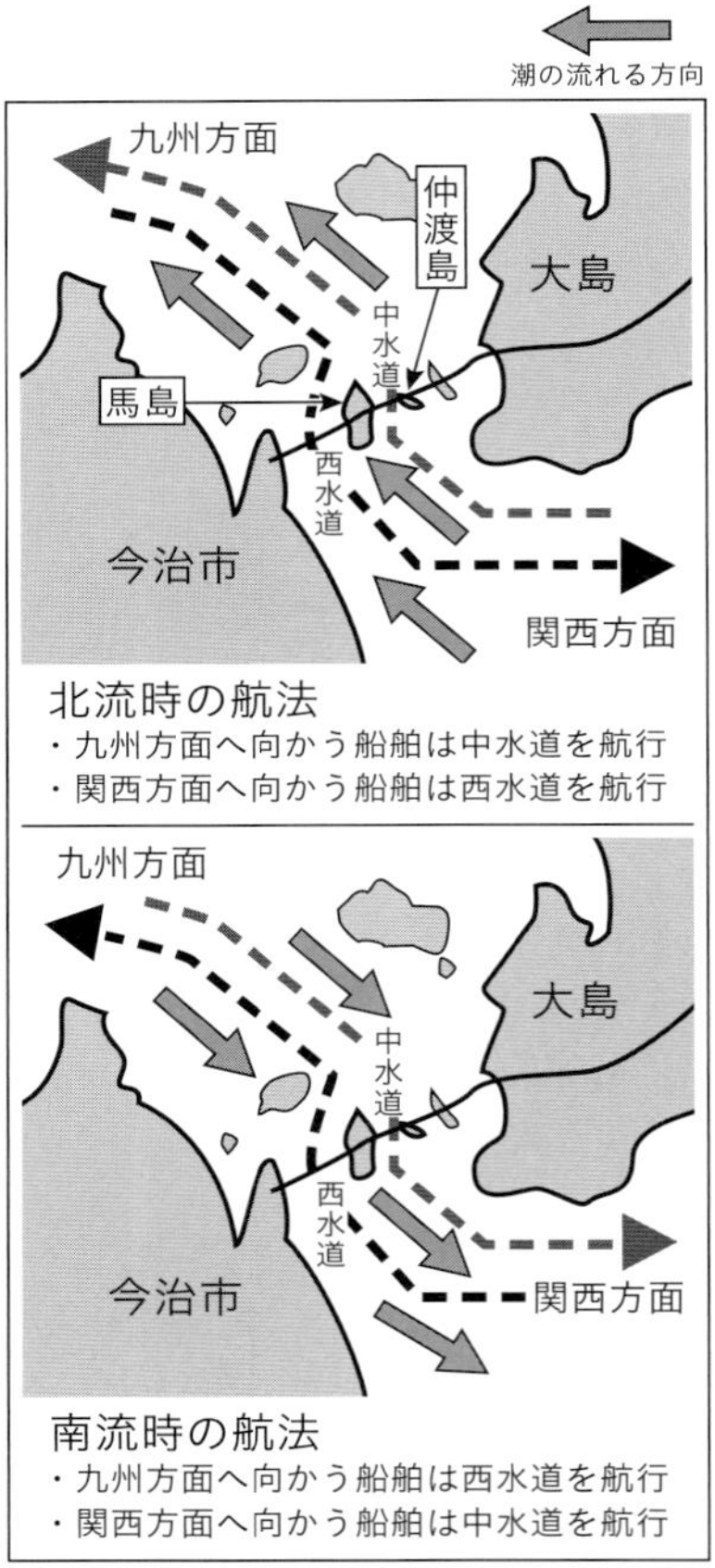

切る。むしろ、日本の全ての海域を強制パイロット（水先法により一定基準以上の船舶に対してパイロットの乗船が義務づけられていること）にすべきであると強調した。

◇

午前九時四五分、坂本は、内海水先区神戸事務所に電話を入れた。来島海峡の潮の状況を詳しく聞く。潮の流れが変わるのは午前一〇時一〇分。素早く海峡に入る時刻を計算する。本船の速度では、一〇時一〇分までに海峡に入ることは難しいと判断。潮の流れが北流に代わってから中水道を行くことを決めた。

「来島マーチス、こちらグローリアス・サワナ。感度いかがですか」「グローリアス・サワナ、こちら来島マーチス、感度良好です」。来島マーチスとの情報交換だ。転流の一時間前から転流するまでの間に航路を航行しようとする船舶は、来島マーチスに通報する。坂本は、来島マーチスに、本船の速度、中水道通航の予定など連絡、同時にマーチスから前後の船舶の確認を行う。転流に合わせるために八・五ノットまで速度を落とす。まだ、潮の流れは南流であるため、中水道を上る船舶が出てくるため出口で対面することになる。本船を少しだけ右に寄せ航路を譲る。念のため、無線で相手を呼び出し、状況を確認する。

来島海峡の潮の方向を示す電光掲示板

「しんせい丸、こちらグローリアス・サワナです。感度いかがですか」「これから中水道を入ります。貴船の航路アウトの後、右から左舷対左舷ですれ違います」「グローリアス・サワナ、こちらしんせい丸、了解です」。しんせい丸から確認の返事が来た。

「YASUTAKA、こちらグローリアス・サワナです。感度いかがですか」「グローリアス・サワナ、こちらYASUTAKAです。感度良好です」「YASUTAKA、本船は、来島マーチスの指示で減速中です。本船の後ろから続いてもらえますか」「グローリアス・サワナ、了解しました」。後ろから、減速せずに近づいてくる船に対しては注意を喚起する。狭い海峡に多くの船が行き交うので小型船にも注意が必要だ。一瞬たりとも気が抜けない。

「グローリアス・サワナ、こちら来島マーチス。最後の上り船が出たことを確認しました。中水道にお進みください」「来島マーチス、グローリアス・サワナ、了解です。これより、入狭します」。

潮流は、南流から北流に変わりつつある。北流時は、九州方面に向かう下り船は中水道を通航する、「順中」だ。仲渡島と馬島の間を通り抜ける。

午前一〇時、「フル・アヘッド」、「フル・アヘッド」坂本の指示と復唱する声がブリッジ内に響く。そして、午前一〇寺一分、海峡入口を通過。本船速度が一一・五ノットへ、さらに一三ノットまで上がる。

天気は雨、視界に影響はない。

「スターボード一〇」、「スターボード一〇」、「スターボード二〇」「スターボード二〇」坂本の指示が次々に出される。「ポート一〇」坂本の指示を操舵手が復唱、「ラジャー、ポート一〇」操作確認。坂本の指示、操舵手が復唱、操作完了の報告が繰り返される。針路を微調整しながら船はゆっくりと島の間を通り抜けていく。

午前一〇時四五分、ようやく船は来島海峡を通過。

来島海峡の入り口

ブリッジの坂本

海峡を抜けるとブリッジは、一転して静かになる。針路変更の坂本の指示がなくなったからだ。他船の無線の交信が時々入るがパイロットの操舵手への指示も少なくなる。

出港から約三時間、坂本がブリッジを離れることはない。立ったままだ。

一一時一八分、安《あ》芸《き》灘《なだ》で、上りのタンカー「オーシャングリーン」をＡＩＳ（船舶自動識別装置）で確認、無線で呼びかける。「オーシャングリーン、こちらグローリアス・サワナの坂本です。感度いかがですか」「グローリアス・サワナ、こちらオーシャングリーンの山口です。感度良好です」。パイロットの乗船している船がすれ違う場合、お互いに挨拶を交わし、天候など情報交換するのが習わしだ。内海水先区のネットワークを使って、事前に誰がどの船に乗船しているかはチェック済みだ。

午前一一時三五分、乗組員が昼食を運んで来た。昼食時もブリッジを離れることはなく立ったまま食べる。食事の間も何度も針路を確認、周囲の注意を怠らない。一五分ほどで昼食を終える。一般的には、本船で用意してくれた食事を取る。食事の内容は船によって様々だ。客船は豪華な食事が用意されるがゆっくり味わっている余裕はない。場合によっては、おにぎりなどを自分で持ち込むこともある。

正午、釣島《つるしま》水道を航行。周りに漁船も見当たらず、曇り時々小雨であるが視界は良好。今回は穏やかな航海だ。この海域はほぼまっすぐ進む。レーダーや「パイロットサポーター」で都度、状況を確認する。針路上には他の船は見当たらなかった。

パイロットサポーター

◇

午後二時三〇分、「インランドシーパイロット、門司、こちらグローリアス・サワナです。感度いかがですか」「こちらインランドシーパイロット門司です。チャンネル六八に願います」「インランドシーパイロット、門司、チャンネル六八に合わせました。感度いかがですか」「グローリアス・サワナ、感度良好です。部埼《へさき》パイロットステーション到着予定時刻及び、本船の状況教えてください」「本船、部埼パイロットステーション到着予定は、一八時三〇分です。本船ドラフト（喫水）はオモテ三・六メートル、トモ五・九四メートル。シースピード一四ノット、ハーバースピード一一ノットです。関門《かんもん》パイロット乗船時刻及びパイロットラダーどちらか連絡ください」「グローリアス・サワナ、了解しました。関門パイロットの乗船時刻、パイロットラダー確認して連絡します」。

「グローリアス・サワナ、こちらインランドシーパイロット門司です。関門パイロット乗船、一八時三〇分、パイロットラダーは左舷で、水面から一メートルでお願いします」「インランドシーパイロット、門司、了解です。ありがとうございました」。内海水先区門司事務所との一連の打ち合わせを終えると船長に、右舷にパイロットラダーを準備するようにお願いする。

船長はすぐさま、甲板員に指示を出した。航海士や操舵手など船員の動きに無駄がなくよく教育されていることが分かる。

午後三時二〇分、「こちらインランドシーパイロット門司です。グローリアス・サワナ、チャンネル六八に願います」「グローリアス・サワナ坂本です」「パイロットラダーの変更お願いします。パイロットラダー両舷に準備願います」「了解しました」。

すぐさま、船長にパイロットラダーを両舷とも準備するよう依頼する。船長は、嫌な顔もせず、すぐに甲板部員に指示をだす。パイロットラダーを出したり、格納するのは結構な作業だ、両舷とも出すとなると作業も倍になる。関門パイロットの乗船と下船に予想される風向きにより両舷を使うのだと考えられる。船長が理由も聞かずに受け入れてくれるのは、パイロットへの信頼感からだ。パイロットが、判断したのだから必要なのだろうと理解してくれているのだ。

午後四時四五分、雨脚が強くなり、視界も悪くなるとともに霧でもやってきた。視界は約二マイル程度。雨は続くものの、視界は徐々に回復、航海に支障はなさそうだ。

◇

午後一八時三〇分、部埼パイロットステーションに近づくと速度を七ノット程度まで落とす。

下船は、左舷側パイロットラダーを利用する。左舷側中央部のパイロットラダーの周辺がライトに浮かび上がる。七つ道具をバッグにしまい下船準備だ。雨が降っている。救命胴衣を着用し、その上に雨合羽を身に着ける。手袋も忘れない。

関門パイロットが乗船し、簡単な引継ぎを行った。「サンキュウ、キャプテン」、「サンキュウ、キャプテン」あわただしく船長に挨拶を交わす。三等航海士が、坂本のバッグを代わりに持ち、ブリッジを後にした。減速しているとはいえ七ノット、時速一三キロメートルほどで進んでいる。横付けされたパイロットボートまでは八メートルほどだ。雨に濡れたパイロットラダーは滑りやすい。三等航海士からバッグを受け取り、いつも以上に集中してパイロットラダーを一段ずつ降りる。パイロットボートから「あと、二段、あと一段です」と乗組員が声をかけてくれる。パイロットボートの甲板に一気に飛び移ると、すぐさまパイロットボートの乗組員が体を確保してくれる。船室に移動、長い一日の仕事が終わったことを実感する瞬間だ。

門司港まではパイロットボートで約一五分の移動。今宵は、門司泊。門司のアパートまではタクシーで五分ほどだ。

◇

午前八時乗船、午後一八時三〇分下船。一〇時間もの勤務だった。通常は、一〇時間を超える場合は二人のパイロットが乗船することになっているが、今回は、一〇時間ということで一人での勤務。

結局乗船から下船までブリッジを離れることなく、ほとんど立ったままだった。パイロットの仕事は、深い専門知識はもちろんであるが、体力も要求される。パイロットラダーで自分の体重を支えられなければ、下は地獄という危険な職業でもある。

下船後の坂本の予定は、二八、二九日は門司で待機し。三〇日に門司から関崎《せきざき》へ移動し、関崎に在る内海水先区保有の寮で一泊し、三一日早朝（午前三時）に関崎パイロットステーションから自動車専用船に乗船、山口県への航海の予定だ。このように待機、移動、乗船、移動の繰り返しで、パイロットの仕事は、傍から見る以上に忙しいのが実情だ。

コラム　操舵号令《そうだごうれい》（面舵《おもかじ》、取舵《とりかじ》）

船の操舵、つまり舵を握るのは、船長や航海士ではない。船長や当直の航海士は、船の状態や周囲の状況をみて、号令を発する。その号令を受けて操舵手が舵を取る。その号令を、操舵号令と呼ぶ。「面舵一杯」、「取舵一杯」などが操舵号令である。

国際海事機関（IMO）による標準操舵号令が一般的に使用されている。次に、主な操舵号令を挙げる。

《主な操舵号令》

□右に舵を取るとき：スターボード（Starboard・面舵）に舵角《だかく》をつけて号令する。「右に、二〇度」の場合は、「Starboard twenty」、「面舵一杯」は、「Hard-a-starboard」と号令する。

□左に舵を取るとき：ポート（Port・取舵）。舵角をつけるのは面舵の場合と同じ。「左に、二〇度」は「Port twenty」。「取舵一杯」は「Hard-a-port」。

□舵角をゆっくり戻すとき：「イーズ・トゥー＋角度」。

「舵角五度に戻せ」は、「Ease to five」。舵を中央に戻すときは、「Midships」という。

□船が所定の進路に近づいたとき：「Steady」。

□所定のコースや目標物に進路を向けるとき：「進路一〇五度に舵をとれ」は「Steer one zero five」となる。

ちなみに、船では、右舷側をスターボード（Starboard）、左舷側をポート（Port）と呼ぶ。

エンジンの出力の操作のときにも決まった号令がある。機関号令（エンジン・オーダー）という。

《主なスタンバイ時の機関号令》

□前進全速、フル・アヘッド（Full ahead）、常用出力の七〇～八〇パーセント程度。
□前進半速度、ハーフ・アヘッド（Half ahead）、出力四五～五五パーセント程度。
□前進微速度、スロー・アヘッド（Slow ahead）、三五～四五パーセント程度。
□前進最微速度、デッド・スロー・アヘッド（Dead slow ahead）、二〇～三〇パーセント程度。
□エンジン停止、ストップ・エンジン（stop engine）。

後進の場合は、「アヘッド」が「アスターン」に置き換わる。

第Ⅱ部　知られざる水先案内人の世界

——現役パイロットたちの語りあい——

瀬戸内海の船の守り神たちが語る水先人の仕事

瀬戸内海の船の安全を守る水先人として、第一線で活躍するプロフェショナルな人々に仕事の苦労や、やりがいについて語ってもらい、その知られざる世界に迫る。

◇

参加者：長南宰司（ちょうなん　さいじ）・橋本孝亮（はしもと　たかあき）
　　　　岡崎明彦（おかざき　あきひこ）・山下武樹（やました　たけき）
司　会：森　隆行（もり　たかゆき）

◇

―（森）本日は、海上保安庁の巡視船、フェリーや南極観測船、あるいは大型客船など様々な

座談会風景（左下から、岡崎・長南・森・山下・橋本）

経歴の方にお集まりいただいております。内海水先人になった切っ掛け、水先人としての業務を通じての経験談などを自由にお話しいただき水先人の仕事やその魅力を読者に伝えたいと思います。

◇

—（森）最初に、自己紹介を兼ねて水先人になった切っ掛けについて、順番にお話しいただけますか。

まず、一番年長の長南さんからお願いします。

—（長南）私は、宮城県の松島港は寒風沢という島で生まれました。明治時代、祖父が若いころ「ラッコ船」という二〇〇トン程度の機帆船の船長として、千島、アリューシャン列島まで航

特殊救難隊発足時
（下段右が長南パイロット）

特殊救難隊の潜水訓練の様子

海し、アザラシやラッコ猟をしていたそうです。もちろん今はもうありません。祖父から、その猟の話、海や船のことを面白おかしく聞かされて育ちました。中学生の時に、塩釜海上保安部の巡視船「おじか」を見学する機会があり、「自分の進む道はこれだ」と直感しました。そして、高校を卒業してすぐに海上保安庁に入庁しました。一九六九（昭和四四）年のことです。その後、巡視船航海科・潜水士として乗船勤務となりました。潜水士とは、映画で有名になった「海猿」のことです。一九七四（昭和四九）年一一月九日、東京湾で大きな海難事故が発生しました。当時日本最大のＬＰＧ・石油混載船である「第十雄洋丸」とリベリア船籍の貨物船「パシフィック・アレス」の衝突事故です。このとき、緊急出動した巡視船の乗組員の一人として海難救助に従事しました。第十雄洋丸は衝突から二〇日間、東京湾で燃え続けました。その後、海上自衛隊の手で沈め

長南パイロット

られました。この事故の翌年一九七五（昭和五〇）年、海上保安庁に特殊救難隊が創設されました。私は、特殊救難隊の一期生として入隊し、通算一〇年ほど勤務しました。また、この時に、それまで任意であった東京湾を行き交う一万トン以上の船舶には水先人の乗船が義務付けられました。

もうひとつ、海上保安庁勤務時代に忘れられないことがあります。私の定年退職の半月ほど前、二〇一一（平成二三）年三月一一日、東日本大震災が発生しました。巡視船「ざおう」は、塩釜港で停泊中大津波に遭遇しました。奇跡的に巡視船「ざおう」は無事でした。「ざおう」はヘリ搭載巡視船であることからヘリコプターで多くの支援物資が届きました。「ざおう」は支援物資を運ぶヘリポートとして救援活動にあたりました。

前置きが長くなりましたが、一九七四（昭和四九）年の第十雄洋丸五名、パシフィック・アレスは二七名が犠牲になった事故を目の当たりにしたときから「海難救助」と「航海の安全」がずーっと頭の中にあったのだと思います。海上保安庁を定年退職したあと「航海の安全」に貢献できる仕事ということで水先人の選考試験に挑戦しました。

――（森）水先人の中でも内海水先区を選んだのは何か理由がありますか。

――（長南）巡視船の船長をいろいろやりました。その中で、高速巡視船「あきよし」の基地が徳山で活動海域が主に瀬戸内海でした。また、大型巡視船「みうら」は、おもに練習船の役割を持っていました。当時の訓練エリアは瀬戸内海が中心でしたので、土地勘があるというか、慣れ親しんだ海域でしたので、瀬戸内海で仕事をしたいと思いました。

橋本パイロット

――（森）ありがとうございました。次に、橋本さん、お願いできますか。

――（橋本）私は、子供のころから、世界中を自分の目で見てみたいと思っていました。世界を巡ることができる仕事ということで、実は、飛行機のパイロットになりたいと思ったわけです。今はどうか知りませんが、そのころ、虫歯が三本以上あると飛行機のパイロットになれません

クリスタルシンフォニー 副船長時代の
橋本パイロット（中央）

海洋観測船「みらい」船上、北極にて、
右端が橋本パイロット

でした。私は子供のころから歯医者が大嫌いで四本の虫歯を抱えていました。歯医者に通うか、飛行機のパイロットを諦めるか迷いました。それでも歯医者は嫌だった。それで、神戸商船大学から船乗りになる道を選んだのです。冗談のように思われるかもしれませんが、ほんとうの話です。商船大学を卒業後、日本郵船に入社し、陸上勤務も含めていろいろな部署を経験しましたが、客船の事業に携わることが多かったです。日本郵船が戦後、客船事業を再開するにあたり客船準備室では「飛鳥」の建造に関わりました。その後、米国で「クリスタルハーモニー」「クリスタルシンフォニー」の運航が始まると、私も、最初は一等航海士として、その後副船長として乗船しました。「クリスタルハーモニー」は現在「飛鳥Ⅱ」として日本籍になり活躍しています。ちょっと変わったところでは、海洋観測船「みらい」に船長として、または観測士官して乗船しました。

話が飛びますが、「みらい」の命名者は、内海水先区初の女性パイロットの川島慧子さん（第Ⅰ部1で紹介）のお姉さんなんですよ。海洋観測船の船名が公募され「みらい」の応募が一〇〇通あり、その中から抽選で選ばれたのが川島パイロットのお姉さんというわけです。その式典で、川島パイロットにも会っているのですが、川島パイロットは覚えていないようでした。でも、何か、縁を感じますね。

水先人になる切っ掛けですが、私たちの時代は、外国航路の船長になり、いつかはパイロットというのが誰もが望むコースでした。私も、当然のようにパイロットを希望しました。そして、ほかの水先区と違い内海水先区にはシー業務があることで内海水先区を選びました。今は、時代が変わり外国航路の船長経験者だからと言ってもパイロットになることを望まない人もいます。また、今日、集まった人の経歴を見ても様々です。パイロットの世界も変わりつつあることを実感します。

岡崎パイロット

—（森）最近、外国客船がたくさんやってきています。当然、客船にパイロットして乗り込む機会もあると思いますが、客船での水先業務はいかがですか。何か他と違いがありますか。

—（橋本）客船の場合は、装備も乗員の教育もしっかりしているのでやりやすいですね。何より、提供される食事がおいしいですよ。

—（森）ありがとうございます。では、次に岡崎さん、よろしくお願いします。

—（岡崎）私は、愛媛県で生まれ、山口県で育ちました。下関水産大学校専攻科を卒業後、日本水産に入社し、母船で航海士として勤務しました。母船というのは、サケ・マス・スケトウダラ・カレイなど遠洋漁業では船団を組み、多くの小型漁船を率いて、必要な物資を補給したり、漁獲物の処理・加工・保存などを行ったりする大型の船のことです。当時私が乗っていたのは、「峰島丸」といい、一九六九（昭和四四）年、大阪商船三井船舶（現、商船三井）が使っていたタンカー「大峰山丸」を購入、改装したものでした。ベーリング海を中心に約六ケ月間無寄港での操業です。しかし、排他的経済水域（二〇〇海里）が設定され、母船式漁業ができなくなりました。当時四隻あった日本水産の母船も一九八八（昭和六三）年にはなくなり、陸上勤務か退職かの選択を迫られることになりました。私としては、船の仕事を続けることを選び、日本水産を退職し、その後、マンニング会社（船員派遣会社）を通じて航海士の仕事を続けました。一九八八（昭和六三）年、西宮フェリーに、一九九五（平成七）年新日本海フェリーに移りました。五一歳の時に船長協会の方から進められて水先人試験の勉強に取り組みました。試験まで短期間しかなかったのですが、必死で勉強した甲斐があって運良く合格することができ、二〇〇七（平成一九）年、水先人になりました。

船上の岡崎パイロット、後方は因島大橋

—（森）内海水先区を選んだのはどうしてですか。

—（岡崎）愛媛で生まれ山口で育ったというのもありますが、新日本海フェリーでは北海道航路での勤務でした。元々寒いのは苦手で、やっぱり瀬戸内海の温暖な気候は魅力的でした。また年に一度は瀬戸内海の造船所に回航していましたので、すばらしい多島美《たとうび》の海域で仕事が出来ればと思っていました。

―（森）岡崎さん、ありがとうございました。山下さん、お待たせしました。

―（山下）船へのあこがれは、小学校三年生の時だったか四年生のときだったか、神戸港で帆船「日本丸」の処女航海だったと思いますが、セイルドリルを見たんです。感動しました。セイルドリルというのは、帆船の帆を張る作業を岸壁に停泊した状態で行うことです。なかなか見る機会はないんです。

山下パイロット

私は、有馬温泉の近くで育ち、市立有馬中学から地元の公立高校に進学するかと考えていた時に学校の掲示板に商船高専の学生募集のポスターがあったのです。小学生の頃に抱いた、帆船に乗るという夢が思い起こされました。商船高専に行けば実習で帆船に乗れる。大島商船高等専門学校に入学、帆船にのるという夢は実現しました。しかし、卒業するころ、日本はバブルがはじけた後の不景気の真っ只中、船会社の採用は極端に減っていました。全国の高専の卒業生約八〇名に対して、大手船会社の採用はわずか三名というものでした。あわてて就職することもないかと考え、神戸商船大学に編入学しました。神戸商船大学卒業後、オーシャン東九フェリーに入社し、東京・徳島・新門司航路に三等航海士として勤務しました。二〇〇二（平成一四）年、オーシャン東九フェリーを退職し、海上自衛隊に入隊しました。

――（森）えっ！　フェリーから海上自衛隊ですか。どうしてですか。

――（山下）帆船に乗るという夢は実現しましたが、実は、ほかにもう一つ夢があったんです。それは、南極観測船「しらせ」で南極に行くことです。小さいころに見た高倉健主演の映画「南極物語」が忘れられなかったのです。

――（森）でも、海上自衛隊にも大勢の隊員がいますよね。入隊したからと言って「しらせ」に乗れる保証はないですよね。むしろ確率からいえば非常に可能性は小さいと思うのですが。

――（山下）そうですね。海上自衛隊員は約四万人、セイラーというか階級は、二等海士（海上自衛隊の階級は、最下位の二等海士から最上位の海上幕僚長まで一七の階級がある）、ボトムですから。希望したからといってなかなか希望通りというのは難しいかもしれません。でも夢ですから諦めたくなかったんです。そして舞鶴で護衛艦「あまぎり」に電測員《でんそくいん》（一等海士）として勤

南極「しらせ」乗船中の山下パイロット

務しました。電即員というのは艦船の中枢・頭脳をつかさどる部署です。人事調査には毎回「しらせ」の希望を出しました。また、いろいろな機会を通じて上司にもアピールを続けました。その甲斐あって、一年半後の二〇〇四年四月「しらせ」乗船が決まりました。二〇〇四年五月から二〇〇五年四月までの一年間、電測員（海士長）として「しらせ」に乗り込み、第四六次南極観測隊とともに南極に向かい、一〇〇日南極に滞在しました。あっという間の一〇〇日で「しらせ」で南極に行くという夢が実現できた満足感で胸がいっぱいでした。夢が叶ったので、帰国後、海上自衛隊を除隊しました。その後、内海水先人会に入社しました。この時は、水先人ではなく、内海水先人会の事務職としてです。配乗部で三年、海務部で三年、合計で六年間勤務しました。そのころから、船長経験がなくてもパイロットになる道が開けるという話がありました。航海士の免状はありますし、将来はパイロットに転職というのも頭の片隅にはありました。二〇一一（平成二三）年、パイロットになるために内海水先人会を退職、神戸大学海事科学研究科に入学、水先人になるための勉強をしました。当時は、神戸大学と東京海洋大学の大学院に水先養成課程がありました。そして二〇一四（平成二六）年水先人になりました。

―（森）まさに、夢追い人ですね。南極はいかがでしたか。

―（山下）「しらせ」には、研究者や医者などいろいろな人が乗り組んでいます。人との出会いという意味でも貴重な体験をさせてもらいました。南極の夏は、白夜が続きます。夜がないんです。

―（森）山下さんの場合は、内海水先人会を退職して神戸大学の大学院で水先人になるための勉強をすることになったわけですが、家族のこととか生活のことで迷いませんでしたか。

―（山下）息子と娘の二人の子供がいましたので、生活のことを考えると多少の不安もありました。その意味では、転身を決心するにはそれなりの覚悟が必要でした。でも、水先人になって本当によかったと思っています。毎日が充実しています。

―（橋本）実は、山下さんが事務局に勤務していた時から南極同窓会で顔を合わせています。

私も、海洋観測船「みらい」で南極や北極に行きました。北極には、毎年九月の氷が一番少ない時期に行き観測のため四五日間滞在しました。そんな訳で、南極仲間なんです。

司会者

—（森）南極同窓会というのがあるのですか。

—（橋本）はい、会員は、山下さんと私の二人だけです。内海水先区内の南極経験者ということで、まあ飲みに行く口実ですね。

—（森）山下さんありがとうございました。

◇

—（森）さて、自己紹介と水先人になった経緯や動機をひととおり話しいただいたところで、水先人になってからのことをお聞きしたいと思います。ヒヤっとした経験はありますか。

—（橋本）じゃあ、私から経験談を一つ。出港時のことです。岸壁を離れ、港外へ出るところで、「アヘッド（前進）」の指示を出し、三等航海士がテレグラフを「アヘッド」にし、確認の返事がありました。ところが船が後退し始めたのです。これにはびっくりです。幸い、す

テレグラフ

ぐに対応し事なきを得ましたが。一歩間違えば岸壁にぶつかっていたところです。ブリッジで直接エンジンの出力をコントロールできる仕組みと、ブリッジからテレテグラフを使ってエンジンルームに指示を出し、エンジンルームの機関士が指示を受けて、エンジン出力を操作する仕組みとがありますが、この場合は、エンジンのコントロールはエンジンルームで行う仕組みでした。私の「アヘッド」の指示で三等航海士はテレグラムを「アヘッド」に変更しました。私も、三等航海士がテレグラフを「アヘッド」に合わせるのを確認したのですが、この指示をエンジンルームの機関長が間違えてエンジンを「アスターン」(後進)にしてしまったのです。普通はありえ

左―山下パイロット／右―橋本パイロット

ないことですが、長い間水先人をやっていると思いもかけないことが起こるものです。そういう時は決して慌てず冷静に対処することが大切です。

―（森）ありがとうございます。他に、どなたか何かお話しいただける経験談はありませんか。

―（岡崎）港に行くときに新幹線の下車駅を間違えて遅れそうになったこととか小さなことはいろいろあります。

―（森）乗下船にパイロットラダーを使われることが多いと思いますが、トラブルになったことはありませんか。実際に、過去には途中で落下して重傷を負ったり、死亡したこともあると聞きます。私も体験させてもらいましたが結構きつかったです。もう必死にロープを掴んでいました。例えば、命綱をつけるというようなことはしないのですか。

左―岡崎パイロット／右―長南パイロット

―（橋本）我々にとってパイロットラダーは日常のことで、特に不安はないですね。確かにここのところ何件か不幸な事故がありましたが、決して多くはありません。せいぜい一〇年に一度あるかどうかというくらいです。そういう訳で、都度、命綱をつけたり外したりという時間がもったいないですから。

―（森）それにしても、パイロットのみなさんはお元気ですね。パイロットラダーを登り、さらにブリッジまでの階段を軽やかに登ってゆくのですから。私は、同行させていただいたときに、パイロットラダーを登り、ブリッジまでの階段の途中で、息切れで立ち止まってしまいました。それに、水先業務中は、ずーっとブリッジで立ちっぱなしなんですよね。

―（橋本）みんなそれが仕事ですから慣れています。ブリッジで座らないのは、実は、座ると眠くなるからです。パイロットは、みなさん健康管理や体力の維持には気を付けています。我々がいつも持ち歩く鞄は、少なくとも七キロぐらいはあります。結構重いんですよ。

——（長南）私は健康維持のため、時間のある時にはウエイトトレーニングや水泳をしています。

——（岡崎）私も水泳を続けています。もう二〇年になります。仕事がありますから毎日というわけにはいきませんが、月一〇回は行くようにしています。毎回一キロメートル泳ぎます。七〇〇メートルをクロールで、二〇〇メートル平泳ぎ、二五メートルの潜水を四回と決めています。

——（森）ありがとうございました。

◇

——（森）よくプロの方はゲン担ぎといいますか、ルーティーンといったものを持っている方がいますが、何かありますか。他の水先人の方にお聞きしても意外とないという方が多いんですよ。いかがでしょうか。

——（長南）そういうのは密かにやるのであって人に話してしまったら効果が無くなるのではないですか。

——（岡崎）そうなんですよね。私も人には話さないのですがひとつあります。臍下丹田《せいかたんでん》という言葉を聞かれたことがあると思いますが、これは、臍《へそ》の下のあたりをいい、全身の精気が集まるところとされています。ここに力を入れると健康と勇気を得るといわれているのです。一五年ほど前になりますが、フェリー勤務時代の先輩の退職祝いのお返しにベルトを戴きました。そこに「臍下丹田を引き締めて胆力を発揮せよ」の言葉が添えられていました。昔はふんどしを引き締めていたのでしょうが、ベルトはその代わりです。それ以来、何か緊張するような局面には、そっとベルトを締め直して、気持ちを落ち着けます。そのためベルトにはこだわりがあり、同じメーカーの物を使っています。今のベルトは三本目です。人前では言いたくなかったのですが……

——（森）ありがとうございました。ここだけの秘密にしておきます。と言いたいところですが、本になったら知れ渡ってしまいますね。

——（長南）それでは、私もひとつこだわりを披露します。巡視船の船長になってからのこだわりです。魚を食べるときに絶対に裏返して食べません。ひっくり返すと船の転覆をイメージするからです。最近は、魚を裏返して食べる人が多くなりましたが、魚はひっくり返して食べないのが和食の正しいマナーなんですがね。

―（森）岡崎さん、長南さん、ありがとうございました。

◇

―（森）さて、すこし趣向を変えた質問をしたいと思います。日ごろ皆さんは、瀬戸内海を船で行き来しているわけですね。瀬戸内海は多くの島からなる風光明媚なところとして知られています。水先業務中は、景色に見とれている余裕はないかもしれませんが、あえてお聞きします。瀬戸内海で好きな場所、風景をお教えください。

―（橋本）三原瀬戸です。島が多く海流が複雑なところで景色はよいのですが、我々パイロットにとっては緊張を強いられる海域でもあるわけです。ここは、来島海峡に比べ潮の流れも緩やかなので、客船はここを通ることが多いのですが、多くの貨物船は来島海峡を抜けるので、三原瀬戸を航海する機会は、残念ながら多くありません。多くの島があり、客船には人気の海域です。広島県三原市の瀬戸内海に面したところにある「みはらし温泉」からは天気が良い日は、瀬戸内海を航行する大型客船やフェリーが見える絶好のポイントです。陸から見ても海から見ても最高の場所だと思います。

―（山下）私も、三原瀬戸を挙げます。私は、三原市にある筆景山（標高三一一メートル）の展望

筆景山展望台から望む三原瀬戸（山下撮影）

五剣山（岡崎撮影）

台から見える三原瀬戸がお気に入りです。ここは瀬戸内海国立公園に指定されており、春は桜もきれいです。

―（長南）私は、釣島を抜けてホッとした時に見える夕陽が沈む風景が好きですね。

―（岡崎）私の好きな風景は、備讃瀬戸の東海域で見ることができる高松市の「五剣山」です。五剣山は江戸時代の大地震で一つの峰が崩れて、今は四剣山しかありません。見る角度によって形が刻々と変わる奇岩の山です。備讃瀬戸東口付近では鶏のとさかの様に見えますが、男木島付近では四つの峰が重なって一つに見えます。

―（森）ありがとうございました。

◇

―（森）では、パイロットになってよかったと思うのはどんな時でしょうか。

―（長南）やはり、下船の時の船長からの一言ですね。外国航路の船長に安心を与えるという意味で航海の安全に貢献しているということを感じるとき、パイロットになってよかったと思います。

―（森）「サンキュー」のほかにどんな言葉をかけられますか。

―（長南）「Good Job（グッド・ジョブ）」というのがありますね。それから「Excellent（エクセレント）」があります。

―（橋本）感嘆すべき、素晴らしいという意味の「Marvelous（マーベラス）」や「Fantastics（ファンタスティクス）」というのもありますね。

―（森）いろいろ出てきましたが、ほめ言葉としてどれがより褒めているのでしょうか。

―（橋本）褒め言葉としては、「Good Job」はまあ、普通ですね。その上が「Excellent」、そして「Marvelous」ですかね。最上級の褒め言葉が「Fantastics」ではないでしょうか。

―（森）船長の言葉以外でありませんか。

―（山下）私は子供が2人います。まだ小さいので、仕事のない日は朝夕子供とゆっくり一緒に過ごすことができる仕事という意味でパイロットになってよかったと感じています。月に一回は、子供たちと明石沖に釣りに行きます。昔から料理は好きだったので、釣った魚は自分でさばきますし、夕食を私が作ることもよくあります。もちろん、長女の幼稚園への送り迎えは、仕事と重ならない限り私の役目です。

―（森）よきパパですね。ところで、料理を作るといわれましたが、得意料理はありますか。

―（山下）得意料理かどうかわかりませんが、月に一度はカレーを作ります。海上自衛隊では毎週金曜日の昼はカレーと決まっていました。海上自衛隊式のカレーといいますか、船によって伝わるレシピがあって船ごとに味は違います。私の作るカレーは「しらせ」の司厨員から教えてもらったものが基になっています。インスタントコーヒーをスプーン二〜三杯入れるのが特徴です。ですから、うちの奥さんは家でカレーを作ったことがありません。子供たちにとって我が家のカレーは、父親の味です。

――（岡崎）これまでは、多くの経験を積んでからパイロットになるケースが多かったために平均年齢は高く、「第二の人生……」という言い方をよく伺いました。しかし私にとっては、パイロットは第二の人生の職ではないと思っていますし、安易な気持ちでできる仕事ではありません。プロとしての誇りをもってできる仕事だと思っています。そういう誇りを持った仕事をしているのだということと感じる時パイロットをやっていてよかったと思います。

――（橋本）岡崎さんと同じように、パイロットいう仕事は自分で選んだ仕事です。そしてこれこそが自分がやりたかった仕事だと日々実感しながら働いておりパイロットになってよかったと感じています。

◇

―（森）興味深い話が多くて、話は尽きませんが、最後に一言ずつお願いします。これからパイロットを目指す人や若い人への言葉でも結構です。

―（山下）以前に読んだ、糸井重里と邱永漢の対談の本にこんなことが書いてありました。「二〇代では、自分のやりたいことはわからない。若いときは、目標（夢）を持って生活すれば仕事はそれについてくる」というような内容だったと思います。私も、いつも夢や目標をもって前を向いて生きていきたいと思っています。目先の目標は、内海水先区の事務局とパイロットの距離感がもっと近くなるような組織になるように繋ぎ役になりたいと思っています。先ほど言いましたように、六年間内海水先人会の事務局で働きましたので。事務局とパイロットの両方を知っている立場にあります。また、年齢的にも、パイロットとしては若手ですが、社会人としては中年にさしかかっております。その意味でも、繋ぎ役として、いい位置にいるなと考えます。

―（岡崎）社団法人日本海難防止協会が実施した調査「水先の効用に関する調査（統計分析による検討）」（平成一二年三月）によると水先人が乗船した場合とそうでない場合では、安全率に九・七倍の差があるということです。水先人は、船舶の安全かつ効率的な入出港に大きく貢献しているということです。私たちパイロットは、社会に役に立つ仕事、なくてはならない仕事をしています。これから多くの若い人たちにもパイロットを目指してもらいたいと思います。

―（橋本）私は好きなことを仕事にしており、毎日、パイロットという仕事を楽しんでいます。それが社会の役に立っているのです。多くの人にパイロットの魅力を知ってほしいですね。

―（長南）海上保安庁時代を通じて海難事故を防止することの重要性を身に染みて経験してきました。事故を起こさないことが何より重要です。水先人というのは、そういう仕事です。海上保安庁時代は、海難救助が主な役割でしたが、今は、もう一方の航海の安全に貢献できる、言い換えれば世の中の役に立つ仕事をしています。水先人というのはそういう誇りを持てる仕事です。この仕事をできることを本当にうれしく思っています。

―（森）皆さんそれぞれの話で初めて耳にされたこともあったようです。話は尽きませんがこれで座談会を終わらせていただきます。皆さん、貴重なお話をお聞かせくださりありがとうございました。

参加者プロフィール

長南宰司（ちょうなん　さいじ）

一九五〇（昭和二五）年生まれ。六六歳。宮城県出身。海上保安庁入庁。巡視船勤務を皮切りに、後に潜水士併任として勤務。特殊救難隊員として救助活動で活躍。インドネシアのレスキュー隊育成にも貢献。海難救助の功績により海上保安勲功章表彰を授賞。巡視船船長を歴任、東日本大震災の際にはヘリコプター搭載巡視船「ざおう」の船長として塩釜港および沖合において、被災地への救助救援活動等に従事。六〇歳で定年退職。内海水先人になる。

橋本孝亮（はしもと　たかあき）

一九五三（昭和二八）年生まれ。六三歳。大阪府出身。神戸商船大学航海学科卒業後、日本郵船入社。飛鳥の建造など、客船事業に携わる。日本郵船の米国での客船会社クリスタルクルーズ社のクリスタルハーモニー（現、飛鳥Ⅱ）やクリスタルシンフォニーに一等航海士、副船長として乗船。また、海洋観測船「みらい」の船長も務める。五六歳で日本郵船を退社、内海水先人になる。

岡崎明彦（おかざき　あきひこ）

一九五五（昭和三〇）年生まれ。六一歳。山口県出身。育ちは、山口県。下関水産大学校専攻科卒業後、日本水産に入社。母船式底曳き網魚業の母船に航海士として勤務。その後、二〇〇海里問題で母船が消えてゆく中、日本水産を退社。マンニング会社に籍を置き航海士の仕事を続ける。その後フェリー勤務を経て、五一歳で内海水先人になる。

山下武樹（やました　たけき）

一九七七（昭和五二）年生まれ。四〇歳。兵庫県出身。大島商船から神戸大学海事科学部に進学。フェリー勤務、そして高倉健主演の映画「南極物語」が切っ掛けで抱いた夢を海上自衛隊所属の南極観測船「しらせ」電測員（一等海士）として夢を実現、その後、内海水先区の職員として勤務、水先人養成施設で水先人研修を受講、二〇一四年三級水先人となる。

コラム　海図（チャート）

海図は、海の地図。一般には、「チャート」と呼ばれる。船の安全運航に欠かせない航海用具の一つである。チャートが、普通の地図と違う点は、第一に、地図は、目に見えるところだけが文字や記号で表されているが、チャートは水面下の見えないところの情報も記載されている点である。水深や海底が砂か泥か岩かなど目に見えないデータこそ船には必要だからだ。第二点は、チャートは本のように綴じられていない。一枚一枚が独立している。その大きさは普通、一〇八センチ・六七センチ。第三点は、チャートは見るだけでなく書き込むことを前提につくられているので、白っぽく印刷されているということである。このように地図とチャートは、大きな違いがある。チャートは、一枚数千円と高価なもの。船のブリッジには大きなチャートテーブルがある。書き込みのために、4Bの鉛筆と消しゴムが必ず備わっている。他にも、三角定規、コンパスやアイスホッケーのパックのような文鎮は必需品だ。

チャート

　チャートには、最新の航海情報が記入されていなくてはならない。こうした情報は、「水路通報」とか「航海警報」という形で船に連絡される。「水路通報」は日本の海上保安庁水路部が刊行している。これらの情報を整理し、チャートに記載するのは二等航海士の仕事だ。チャートテーブルの下は引き出しになっていて、チャートが保管されている。その数は数百枚になる。船会社の本社には、チャートルームというのがあり、数千枚のチャートが保管されている。

現在、チャートを刊行しているのは二五ケ国ある。一番多いのが米国、英国、フランスと続き日本は四番目だ。各国の国家機関、多くは海軍の所属する機関が発刊している。日本は、海上保安庁水路部が発刊している。船では、就航する航路によって各国のチャートを使い分けている。日本からペルシア湾に行くときにはスマトラまでは、日本版、スマトラからホルムズ海峡までは英国版、ペルシア湾内では米国版といった具合だ。

第Ⅲ部　内海水先区水先人会　大泉勝会長に聞く

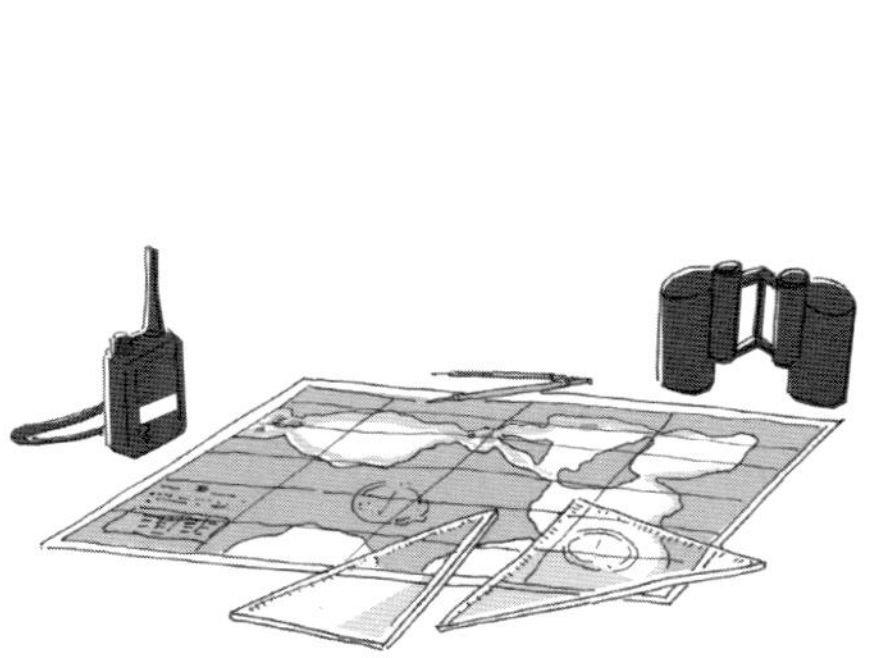

変化に対応し、未来を見据える

内海水先区水先人会会長　大泉　勝

「何時《いつ》かは、水先人」。かつて、外国航路の船乗りにとって水先人は憧れであった。しかし、その水先人も多くの業種と同じように要員不足、後継者がいないという問題を抱えている。そうした状況を背景に、外国航路の船長経験者という均一組織から、バックグラウンドや年齢、性別など様々な人材からなる組織へ変わっている。水先人、あるいは内海水先区の抱える問題と、その将来像について大泉勝会長にお話をお聞きした。

（聞き手・森隆行）

◇水先人の抱える課題

―（森）現在、内海水先区で抱えている問題の中で一番大きなものは何ですか。

―（大泉）やはり、パイロットの後継者不足ですね。これは、内海水先区だけでなく、日本の三五の水先区全体の問題でもあります。

―（森）パイロット不足はどうして起こったのでしょうか。

―（大泉）これまでは、大手船会社が、船員を割り振る形でパイロットを供給してくれていたので、リクルートする必要もなかったのです。しかしながら、昨今の、日本人船員の急激な減少に加え、船会社でも陸上要員としての船員の需要が増えてきたこともあり、パイロットに推す余裕がなくなってきたのです。また、船員にとっても魅力的な職場でなくなったのかもしれません。責任は重いし、本船での業務中はずっと何時間も立ちっぱなしです。また、パイロットラダーの登り降りもきついですしね。体力的にも結構な重労働です。その割には、巷《ちまた》に言われるようなびっくりするような高収入があるわけでもない。それであれば、退職後は、のんびりしようかという人が増えてきたのだと思います。

◇日本人船員減少の背景

―（森）日本人船員不足はどうして起こったのでしょうか。

―（大泉）外航航路の船の多くが便宜置籍船《べんぎちせきせん》となってしまい、便宜置籍船というのは、日本以外の外国、例えばパナマやリベリアに便宜的に船籍を置いた船の事を言います。こうした国に船籍を置くことで日本の法律が適用されなくなり、必ずしも日本人船員を乗せる必要がなくなるわけです。その結果、船員費が安いフィリピンやインドなどの外国人船員がほとんどになりました。また、若者が船員になりたがらないという傾向もあります。昔は、外国航路の船長と言えば社会的ステータスもあり、ある種憧れの職業でした。しかし、「何ケ月も、日本を離れ海の上の生活は信じられない」というのが、今の若者です。中には、「携帯が通じないところに三日以上いられない」という若者もいます。船員養成の学校も減っています。東京と神戸にあった商船大学も、それぞれ東京海洋大学、神戸大学の一学部となっています。若者の価値観が変わったというのもあり、職業としての魅力がなくなってきたのではないでしょうか。

一九七四年の外国航路の日本人船員は五万七〇〇〇人でしたが、二〇一五年にはわずか二〇〇〇人に減ってしまいました。

◇パイロット要員確保策

―（森）日本人船員が減少し、従来のように日本の大手船会社から当然のように供給されてきたパイロットの確保が難しくなって、どうしているのですか。

―（大泉）水先人になるには外国航路で三年以上の船長経験が必要だったのですが、二〇〇六

（平成一八）年、水先法が改正され、海技大学校に水先人養成コースが開設され、所定の過程を修了すれば水先人になる道が開けました。これを機に、水先人を一〜三級に分類し、年齢と経験に応じて進級できる仕組みになりました。この制度改革によって、すでに、若いパイロットが誕生しています。現在、内海水先区のパイロット一五〇人のうち、新制度によって誕生した三級、二級水先人は二二人います。また、これまで大手船会社の出身者がほとんどでしたが、最近は、フェリーを含めた内航海運や海上保安庁の乗組員から水先人になる人もいます。ソースが多様化しています。先ほど言いましたように、これまでリクルート活動らしいことはしていませんでしたが、近年、内海水先区として独自に、商船高専などに説明に回るなど積極的なリクルートや広報活動に力を入れています。

―（森）内海水先区の仕事はきついので他の水先区に比べ敬遠される傾向にあると聞きましたが、本当ですか。

―（大泉）確かに、内海水先区の仕事は、シーパイロットといって、瀬戸内海を航行するので業務時間としては、他の水先区に比べて長くなります。その為、東京湾水先区や大阪湾水先区を選ぶ人が多いという話はあります。しかし、内海水先区を希望した人の話を聞くと、船に少しでも長く乗っていたい。今の船会社は、陸上勤務が長く船に乗る機会が少ないから水先人になろうと思った。したがって、内海水先区を選択したのは当然だ、という人がたくさんいます。そういう人たちは、今の仕事に満足と喜びを感じています。実は、来年二人の内海水先区の希望者が海技大学校の養成コースに入学するのですが、二人とも少しでも長く船に乗りたいのだと言っています。ちなみに、二人とも女性です。

現在、三級の養成コースの枠は一〇名です。それを五大水先区で分けるので内海水先区の定員は二名です。出来れば、内海水先区の枠を広げて欲しいと思っています。一級、二級の応募者の方は、ある程度の年齢に達しており、これまでの仕事の関係から、すでに生活の基盤を東京などに構えており、家族のことなどを考え転居したくないと考えます。一方、三級応募者の方は、身軽であり関西に移り住むことに抵抗がありません。ですから、私たち内海水先区では、若い三級の方を積極的に採用し育てていきたいと考えているわけです。

――（森）それでは、内海水先区では将来水先人が不足するというようなことはないですか。

――（大泉）大丈夫です。独自の広報活動にも手ごたえを感じています。こうした努力を積み重ねることで、将来的にも充分な要員の確保は可能だと考えています。必要な人材を確保し、顧客である船舶の要請があればすぐに対応できる体制をいつも整えています。

―（森）海外へ行くのが今ほど自由でない時代に、船員は海外へ行くことができる数少ない職業のひとつであり、給料も他の職業に比べよかったのですが、時代が移り、こうした船員の魅力がうすれた現在、船員が以前ほど魅力的な職業でなくなっていますが、パイロットは、いかがでしょうか。

―（大泉）パイロットの仕事は、非常に重要な仕事ですが、それにもかかわらず世間の認知度は、医者や弁護士などに比べて低いというのが実情です。その意味で、これからの時代を担う若いパイロットにとって、認知度を高めることが彼らのモチベーションに繋がると思っています。先ほど言いましたように、リクルート活動だけでなく、認知度を上げるためにも内海水先区としても積極的に広報活動をやっております。最近、テレビや新聞でもパイロットの事が取り上げられる機会が増えてきたように感じています。いろいろな機会を通じて社会にアピールしてゆきたいと思います。

◇パイロットの多様化と文化

―（森）パイロットの世界というのは、これまでは同じような経歴で年齢的にも近い。いわゆる同質的な土壌があったと思うのですが、パイロットが不足するという状況変化、そして水先法改正による三級、二級水先人の誕生と、その構成員が大きく変わってきました。こうした変化を会長はどうとらえていますか。

―（大泉）ご指摘の通りです。パイロットの世界は、これまで男社会でしたが、すでに女性パイロットも活躍しています。年齢も二〇代から七〇代まで幅広い年代からなっています。その職歴も、外航船員、内航船員、海上保安庁の巡視船の乗組員など様々です。その価値観も様々です。内海水先区としても従来の同質な文化を持つ組織から多様化した組織へと変わらなければならないと思っています。これまでは、どちらかと言えば、先輩後輩の関係を中心とした、年功序列的な性格が強かったのですが、各種委員に三級の若手パイロットを入れることで、若い人の意見を取り入れるようなことも始めました。このような取り組みを通じて、よりオープンで多様な人材、多様な価値観に応えられるような集団に変えて行かなければならないと思っています。こうした変化への対応こそ重要であり、次の世代でもパイロットが輝ける職業であるために必要だと思っています。

もう一つ、多様化の中で女性パイロットがこれからも増えてきます。女性が働きやすい体制づくりもこれから考えなくてはならない問題の一つです。特に、育児の問題ですね。まだママさんパイロットは居ませんが、いずれ誕生するでしょう。産休制度はありますが、実際に子育てしながらパイロットの仕事を続けられるかどうかはこれからの問題です。

◇将来のパイロット像

―（森）パイロットの多様化という話でしたが、これからのパイロット像はどのように変わっていくと思われますか。また、そうした変化の中での懸念材料がありますか。

―（大泉）これまでのパイロットは、皆同じような経歴の持ち主という話が先ほどありました。一般的には五〇代半ば以降に船会社を退職してパイロットになるわけですが、入社以来ずっと航海士として船に乗っているわけではありません。会社勤務の半分くらいは陸上勤務です。私も日本郵船在籍中の一五年くらいは陸上勤務でした。そうした中で、仕事の面でも、社会的にもいろいろな経験を積んできているわけです。大学なり高専を出て、水先養成コースを経て、三級水先人になります。この人たちの将来を考えると心配もあります。もちろん、皆さん優秀な方たちですからパイロットとしての経験を積み技量も上がるのは間違いありません。しかし、森先生もご指摘のようにパイロットの世界というのは狭い、特殊な世界です。そういう中で三〇年、四〇年仕事を続けた場合、その人たちの四〇年後を想像すると多少の心配があります。偏った価値観やモノの考え方しかできないことになるのではないかという心配です。つまり、社会人としてどうかということです。私としては、パイロットという専門バカではなく、社会人として一般教養、常識を持ったバランスのとれた人として育ってほしいと思っています。内海水先区として、そのための仕組みをこれから考えていかなければならないと思っています。

◇安全面での取り組み

―（森）内海水先区のパイロットの役割は、瀬戸内海を航行する船舶の安全を支えることだと思います。その為に、日々努力しているとお聞きしますが、安全のための取り組みとして何か具体的なことがあれば教えて下さい。

―（大泉）業務面では、国際標準化機構（ＩＳＯ）による品質マネジメントシステムであるＩＳＯ９００２を取得し、合理的かつ効率的な運営をしております。技術的な面に関しては、海技担当副会長が中心になり、日々、研究を重ねています。こうした研究成果を含めて、定期的に開催される業務連絡会で技術上の問題について発表、情報を共有しています。

実は、こうした取り組みの中で操船支援ツールが生まれました。「パイロットサポーター」（第Ⅱ部四一頁参照）という操船支援のためのパソコン上で動くソフトです。パソコンに海図、コースや自動船舶認識システム（AIS）情報を取り込み、操船を支援するものです。大変便利なもので、船舶のコースや周りの状況などをこのソフトを使うことでより安全に運航することが可能です。パソコンとセットで五〇～六〇万円するのですが、内海水先区のパイロットは、ほぼ全員が持っており、乗船時には必ず持って行きます。今や、内海水先区のパイロットの七つ道具の一つです。実は、これは、内海水先区の、ベテランパイロットが自分用に考えたものを基にして、大分にある株式会社戸高製作所と内海水先区とが共同開発したものです。これをベースにして、同社では、タグボート用の「ドッキングサポーター」や内航船用操船支援ソフトなどにも拡大展開、販売しているようです。このように、個人レベル、組織レベルとあらゆる面で技術的な問題など安全面の研究、対策に努力しています。パイロットにとって何より重要なことは「安全」です。

◇パイロットとしての大泉勝

――(森) 最後に、折角の機会なので、パイロットとしての大泉勝さんのことをお聞きしたいと思います。まず、パイロットの仕事はどうですか。

――(大泉) パイロットの仕事は楽しいですよ。今年、七一歳になりましたが、この年でまだ船に乗れるのです。今までの経験が活かせます。瀬戸内海を航海するのは快適です。幸せだと感じる瞬間です。

――(森) どうして船乗りになろうと思ったのですか。

――(大泉) 私は徳島県で生まれました。小学三年生の時に遠足で小松島の港にゆきました。そこで関西汽船の「山水丸《さんすいまる》」に出会いました。その大きさに驚き、船への憧れが芽生えました。それ以来、図書館で船の本を読み漁りました。しかしながら、当時は戦後の貧しい、困難な時代でした。大学に行くことは考えていませんでしたが、奨学金が得られることになり大学進学の道が開かれました。商船大学を選ぶのに迷いはありませんでした。商船大学以外の選択肢は考えられませんでした。大きな船に乗って外国に行ける。夢は膨らみました。卒業後、日本郵船に入社。コンテナ船、ＬＮＧ（液化天然ガス）船、ＶＬＣＣ（マンモスタンカー）などあらゆる船型の船で、世界中を航海しました。

――（森）パイロットの仕事にあたり、ゲン担ぎとかで、仕事の時には必ずするようなことは、なにかありますか。

――（大泉）特にはないですね。ただ、毎年、お正月に必ず香川県の金刀比羅宮にお参りに行きます。金刀比羅宮は、古来より海の神様、「こんぴらさん」の名で呼ばれています。参道口から御本宮までの七八五段を歩いて一気に登ります。実は、これがしんどくて登れなくなったら引退だと思っています。信仰心もありますが、自分の体力チェックの意味合いが強いかもしれません。

――（森）パイロットの方は必ず帽子を着用していますよね。帽子にはこだわりはありませんか。

――（大泉）帽子は必ず着用しますが、黒っぽい帽子であれば何でもいいという程度で、特にないですね。でも、こだわりと言えば、ベルトですかね。ベルトには、バックル部分が外れるようになったものと、一体型で外れないものがあります。私は、外れないタイプのベルトを使います。あまり縁起のいい話ではないのですが、海に落ちた時に、引き上げるのに服を掴んでも脱げてしまいます。一番確実なのはベルトを掴んで引き上げる方法です。ところが、バックルが外れるタイプだと重みで外れてしまうことがあります。引き上げられる時には、多分、遺体となっているのでしょうが、せめて回収してほしいと思っています。そのため、回収に少しでも役に立つだろうということで一体型のベルトを使っています。実は、これは先輩からの申し送りですが、私は、この言葉をしっかり守っています。パイロットの仕事は常に危険と隣り合わせです。何時も覚悟をもって仕事に向かうということですかね。

──（森）最後に、若いパイロット、あるいはこれからパイロットを目指そうという人へ、一言メッセージをお願いします。

──（大泉）パイロットの仕事は、その責任は重大です。しかし、大変やりがいのある仕事です。パイロットはみんな誇りをもって仕事に取り組んでいます。興味ある人は是非、門戸を叩いてください。また、三級のパイロットの方には、チャレンジ精神を失わず、仕事はもちろんですが、それ以外にもいろいろなことに挑戦し、社会人としてバランスのとれた社会人になることを目指して欲しいと思います。井の中の蛙にならないで欲しいと思います。

──（森）大泉会長、長時間お付き合いくださいましてありがとうございました。

──（大泉）こちらこそ、ありがとうございました。

大泉　勝（おおいずみ　かつ）

一九四五（昭和二〇）年、徳島県に生まれる。川島高校卒業後、一九六四（昭和三九）年神戸商船大学（航海学科）入学、一九六九（昭和四四）年、日本郵船入社。航海士、船長として、在来船、コンテナ船、ＶＬＣＣ、ＬＮＧ船などに乗船。また、海務部船員研修所（指導員）、海務一課、外労協等の陸上勤務を経て、二〇〇一年、内海水先区入会、内海パイロットとなる。二〇一五年六月、内海水先区会長に就任。

趣味は、美術館巡り、スポーツ（するのも、観るのも）

コラム　肩章《けんしょう》

（写真提供：商船三井）

船の世界は、階級社会。上位下達で指示・命令が確実に実行されることで安全が確保される。船の乗組員の階級や職務はその制服を見れば一目瞭然。夏服なら肩章、冬は袖章になる。例えば、金筋が四本で間が黒（あるいは制服の色）であれば船長だ。金筋の数とその間の色で、その人の職制と階級がわかる仕組みだ。これは、世界共通。

船の乗組員は、大きく二つに分かれる。職員、あるいはオフィサーと呼ばれる海技免状の必要な有資格者と、部員（クルー）。肩章や袖章があるのは職員だけ。

船の最高責任者は、船長である。船長の下に、甲板部、機関部、事務部、無線部、医務部などがある。最近の貨物船では、無線部の通信士や医務部の医者は乗船しておらず、航海士や機関紙が通信士や衛生管理士の資格を取得し兼務するケースが多い。

さて、肩章の話。金筋の数が階級を表す。金筋の間の色が職制、つまり甲板部とか機関部といった所属を表す。金筋が四本あればそれは、船長か機関長だ。三本だと一等航海士や一等機関士だ。二本は、二等航海士、二等機関士であり、一本だと三等航海士、三等機関士を表す。また、金筋の間の色が、黒は船長及び航海士。紫は機関長及び機関士である。緑は通信長や通信士、白はパーサー及び事務部職員、赤は医者（船医）だ。黒は「海」を表し、機関士の「紫」は油の色の象徴だといわれている。通信士の「緑」は陸の色、パーサーや事務部職員の「白」は紙の色を表し、医者の「赤」は血の色。このように、肩章をみれば、その人の船での役割と階級がひと目でわかる。金筋二本でその間が紫の肩章を付けていたらその人は二等機関士だとわかる。

第Ⅳ部　Q&Aで学ぶ水先案内人

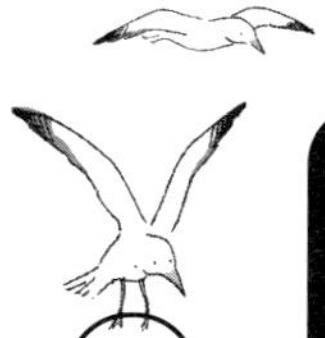

Q1 水先人《みずさきにん》とは？

A

水先人は、一般には、水先案内人と呼ばれることもあるが、水先法によって定められた正式名称は水先人である。水先人にあたる英語はパイロット（Pilot）である。この語源には諸説あるが、有力な説のひとつはオランダ語のPIJLOOT又はPILOOTからきていると言われ、PIJL（棒）とLOOT（測深鉛《そくしんえん》）の合成語で、水路を測深《そくしん》して進める者を意味しているというものである（日本水先人連合会パンフレット）。

「パイロット」からすぐに「水先人」と考える人は、一部の海運関係者に限られるのではないだろうか。たいていは飛行機のパイロット（＝操縦士）を思い浮かべるのであろう。飛行機のパイロットは、自ら操縦桿《そうじゅうかん》を握り、操縦するが、パイロット（水先人）は、自ら舵輪を操作することはない。飛行機の操縦桿にあたるのが船は舵輪である。この舵輪は、船長やパイロットの指示に従ってクォーターマスター（操舵手《そうだしゅ》）が操作する。

一八九九（明治三二）年水先法第一条において、「水先人ハ水先免状ヲ有スルコトヲ要ス。水先人ニアラザル者ハ水先区ニ於テ船舶ノ水路ヲ嚮導《きょうどう》スルコトヲ得ス」とある。嚮導とは、国語辞典には「先に立って導くこと。また、その人」（大辞林）。つまり、水先人とは、混みあう水域を航行する際や、入出港の際に、その水域特有の事情を熟知している専門家であり、本船にアドバイスするのが役割である。

水先人は、水先法という法律によって規定されており、水先人は国家資格である。

現在、水先人は世界中のほとんどの港や周辺の水域で、船舶の安全かつ効率的な入出港に寄与している。水先人が乗船した場合とそうでない場合では、社団法人日本海難防止協会が実施した「水先の効用に関する調査（統計分析による検討）」（二〇〇〇年三月）の結果によると、安全率には九・七倍と大きな差があるといわれる。

日本には三五の水先区があり、六七九人の水先人がいる（二〇一五年四月一日現在）。水先人は、いずれかの水先区に所属することが義務付けられている。中でも東京湾水先区、内海水先区、伊勢三河湾水先区、大阪湾水先区、関門水先区が大きく五大水先区と言われる。

Q2 水先人の起源は。いつから？

水先人の歴史は古い。「水路きょう導の専門技術者たる水先人を使用することは、四〇〇〇年前にさかのぼり、ハムラビ法典のなかに水先料についての規定がみられる」（藤崎道好『水先法の研究』成山堂書店、一九六七年）とあるように、水先に関する法律は古くから存在していた。日本においても、古代には「占部」（遣唐使船）、中世以降では、「行師」、「按針」、「比呂図」など水先を表す言葉があり、水先人という職業が古代からあったことを表している。

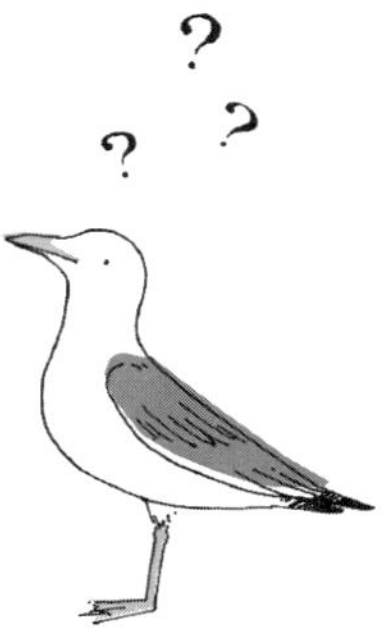

Q3 水先人の仕事とその役割は？

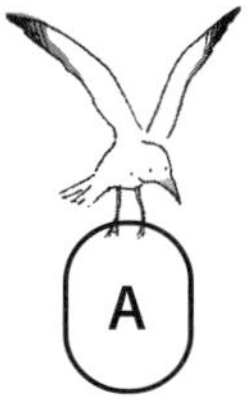

「水先人に水先をさせている場合において、船舶の安全な運航を期するための船長の責任を解除し、またはその権限を侵すものと解釈してはならない」（水先法第三章第四十一条）に定められている通り、水先人はあくまで船長の助言者という立場であり、船舶の運航に関して一切の責任も権限も与えられていない。同様の内容は水先約款にも織り込まれている。こうした立場の水先人がその業務を遂行するには、船長を含めた船舶乗組員、それも多種多様な国籍からなる乗組員の信頼を得なければならないことは容易に想像できる。

つまり、水先人がその業務を遂行するには強いリーダーシップと広い国際性が要求されるということだ。

水先人は、水先区ごとに、一個の水先人会を設立することが水先法によって定められている。また、その水先人会は、法人であることが義務付けられている（水先法第四章第一節第四十八条）。

水先人会の業務

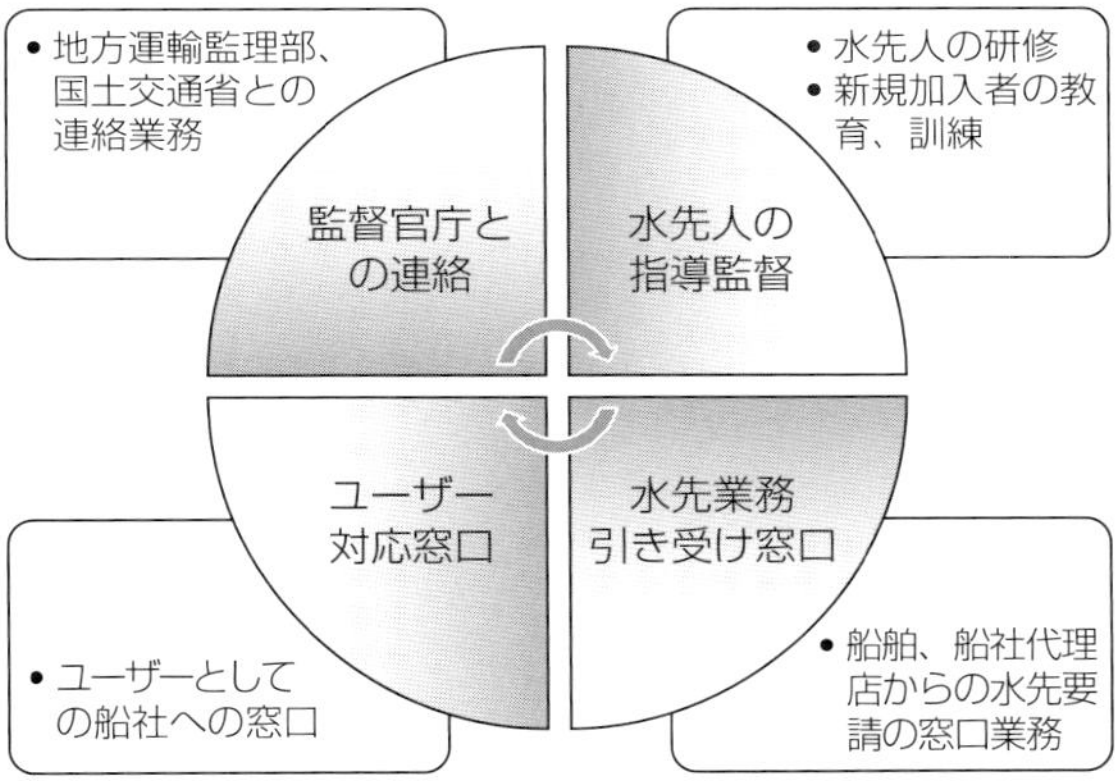

つまり、組合や任意団体であってはならない。このため、留萌水先人区のように、たとえ水先人が一人でも法人としての水先人会を設立しなければならない。

水先人の立場からは、水先人は、当該その免許に係る水先区において設立されている水先人会に所属することが義務付けられている。

全国の水先人会は、日本水先人会連合会を設立しなければならないことが二〇〇七（平成一九）年施行の新しい水先法に明記された（水先法第四章第二節第五十五条）。これを受けて、法人化された全国の水先人会により二〇〇七（平成一九）年四月三日、日本水先人会連合会が設立された。

水先区ごとに設立された水先人会では、本船からの水先業務要請の受付、水先人への業務の連絡、パイロットボートの手配などを行う。水先法第三十九条には、

「水先人は、水先船その他の水先業務に必要な施設であって国土交通省令で定めるもの（以下、「水先業務用施設」という。）を確保しておかなければならない」とある。実際には、こうした、施設の確保も水先人会が行っている。また、水先人の養成や会員に対する研修・監督及び安全管理も水先人会の重要な役割である。

なお、水先人会の役割は水先法によって定められている。その主な業務は以下の四つである。

①水先人の指導監督
②監督官庁との連絡
③ユーザー対応窓口
④水先業務引き受けの窓口

Q4 水先区と水先人って違うの？

水先区とは、水先人がその業務を提供する水域をいう。水先法（水先法施行令）により外航船が多く出入りする港、湾、内海の水域に設定されている。水先区の名称及び区域は、政令で定められており、現在、日本では三五の水先区が設定されている。また、各水先区の最低の員数は、国土交通省令によって定められることになっている。その規模は水先区によってまちまちである。

東京湾、伊勢三河湾、大阪湾、内海、関門の五大水先区以外は、その所属する水先人が一〇人以下である。留萌《るもい》水先区のように水先人が一人という水先区もある。

水先及び水先人について、水先法第一章第二条において、次のように定義されている。「『水先』とは、水先区において、船舶に乗り込み当該船舶を導くことをいう」「『水先人』とは、一定の水先区について水先人の免許を受けた者をいう」。

つまり、水先人とは、船舶が輻輳《ふくそう》する水域を航行する際や入出港の際に、その水域特有の事情を熟知し、船長にアドバイスする役割の専門家である。パイロットあるいはシーパイロットともいう。水先（または水先業務）とは船舶を安全に導くことである。一言でいえば、「水先とは、船舶の嚮導である」。言い換えれば、水先をする人、水先を職業にする人が水先人である。

水先及び水先人については水先法によって細かく規定されている。

「水先をすることができる者の資格を定め、並びにその養成及び確保のための措置を講ずるとともに、水先業務の適正かつ円滑な遂行を確保することにより、船舶交通の安全を図り、併せて船舶の運航能率の増進に資することを目的とする」（水先法第一章第一条）。

水先人は、医師や弁護士と同じように一人一人が個人事業主である。水先人になるには、登録水先人養成施設において所定の期間、所定の内容を履修し、国土交通大臣の免許（国家資格）を取得しなければならない。

Q5 水先区ごとに違いはあるの？

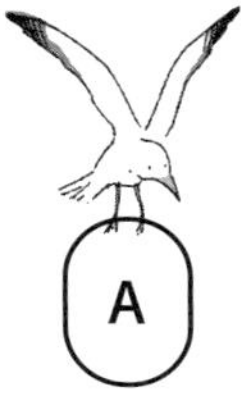

Ｑ４の冒頭で説明したとおり、現在、日本では三五の水先区が設定されているが、所属する水先人の数でみると五大水先区が八七パーセントを占める。水先実績では、五大水先区の占める割合は、隻数ベースで八九パーセント、総トン数ベースでは九〇パーセントを占め、水先人数の割合より大きな数字となっている。これは、五大水先区に寄港する船舶が大型船であることを意味する。

また、五大水先区の中で内海水先区は、水先人の人数では二〇パーセントを占めているのに比べ、隻数実績で一八パーセント、総トン数実績でも二〇パーセントと水先人数と実績の間に乖離《かいり》がある。これは、水先業務の内容に関係している。

水先業務には、ベイパイロット（Bay pilot）とハーバーパイロット（Harbor pilot）がある。ベイパイロットは、海峡や内海の水域を航行、船舶を港まで導く業務である。ハーバーパイロッ

2014年度水先実績

水先区	水先人数（人）	水先実績（隻）	総トン数（千トン）
釧路水先区	2	382	13,400
苫小牧水先区	5	1,052	46,717
室蘭水先区	4	815	45,496
函館水先区	2	234	8,305
小樽水先区	2	190	10,559
留萌水先区	1	55	748
八戸水先区	3	390	11,943
釜石水先区	2	92	4,540
仙台湾水先区	5	1,093	48,045
秋田船川水先区	2	328	9,494
酒田水先区	1	153	4,869
小名浜水先区	4	568	18,923
鹿島水先区	7	2,592	116,559
東京湾水先区	179	56,320	2,247,115
新潟水先区	5	577	34,356
伏木水先区	2	283	9,819
七尾水先区	2	310	13,454
田子の浦水先区	2	237	4,026
清水水先区	4	1,366	50,119
伊勢三河湾水先区	113	27,702	1,167,274
尾鷲水先区	1	16	956
舞鶴水先区	2	256	11,910
和歌山下津水先区	5	1,414	87,059
大阪湾水先区	108	24,892	1,019,329
内海水先区	150	30,371	1,365,587
境水先区	2	226	7,937
関門水先区	39	11,108	294,565
小松島水先区	2	82	3,115
博多水先区	6	2,332	56,273
佐世保水先区	3	670	13,368
長崎水先区	2	389	21,328
島原海湾水先区	4	909	4,608
細島水先区	1	295	4,990
鹿児島水先区	3	215	8,730
那覇水先区	4	424	17,497
合　計	679	168,338	6,783,013

出所：日本水先人会連合会。
　　　水先人数は、2015年4月1日現在。

全国水先区一覧

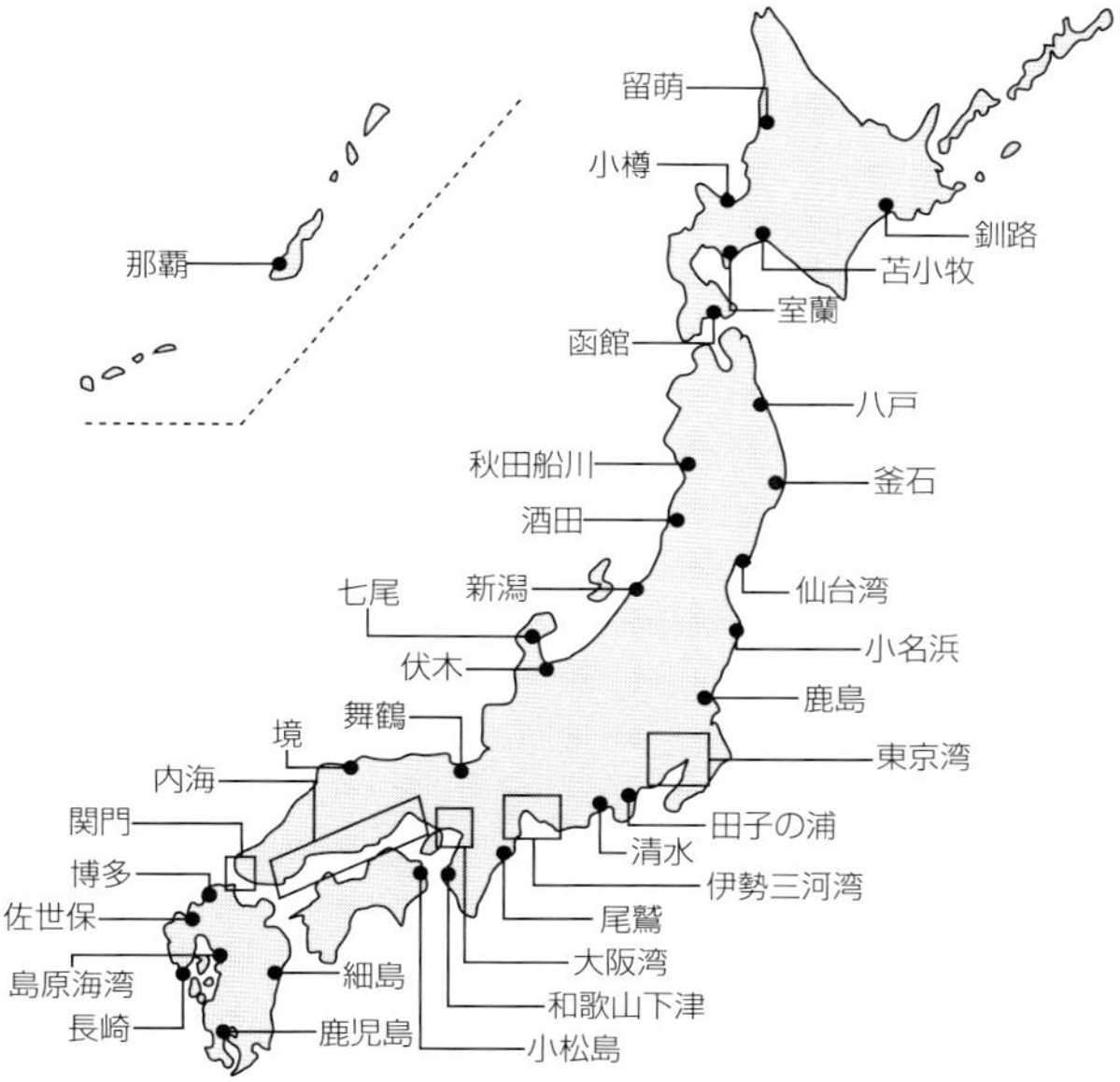

注：35の水先区があり、11ケ所の強制水先区が定められている。
　　強制水先区：（港域）横須賀、佐世保、那覇、横浜川崎、関門
　　　　　　　　（水域）東京湾、伊勢三河湾、大阪湾、備讃瀬戸、来島海峡、関門海峡

出所：国土交通省監修『水先法及び関連法令』成山堂書店、2009年。

トは、港の入り口付近で乗船し、港内を岸壁まで導き、船舶が着岸するまでの業務である。ハーバーパイロットが数時間の業務に比べ、ベイパイロットの業務にかかる時間は長く、重労働である。内海水先区の水先業務は、通常のベイ業務より長時間を要す瀬戸内海の航行業務であり内海水先区の場合シーパイロットと呼ぶ。一回の業務に要する時間が長く、水先人の人数の割合に比較して実績の数値が小さくなる。瀬戸内海という広い水域を担当するという点において、内海水先区は、その業務の性格が他の水先区とは異なる。

内海水先区は瀬戸内海のほとんどをカバーする広大なエリアであり、二人の水先人が交代で、一八時間にわたって水先を行うこともある。瀬戸内海は、狭く、潮流の強いところである。特に来島海峡、明石海峡は世界的にも有名な交通の難所で、漁船などの小型船も多く、それらを避けて航行しなければならない。つまり、その作業は、常に危険な場所で行われることを意味する。常に、緊張を強いられ一瞬たりとも気を緩めることは許されないという厳しい仕事である。また、瀬戸内海は主要な港だけでも何十もあり、水先を担当する船舶もそれぞれ行き先が異なるためこれらの多くの港の事情に精通している必要もある。このように、一口に水先業務と言っても、水先区によってその業務内容には大きな違いがある。

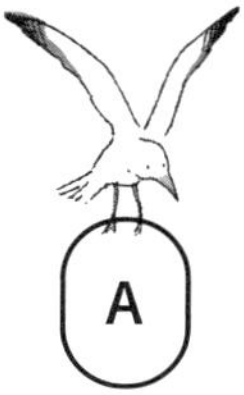

Q6 水先《みずさき》約款《やっかん》と水先人の責任は？

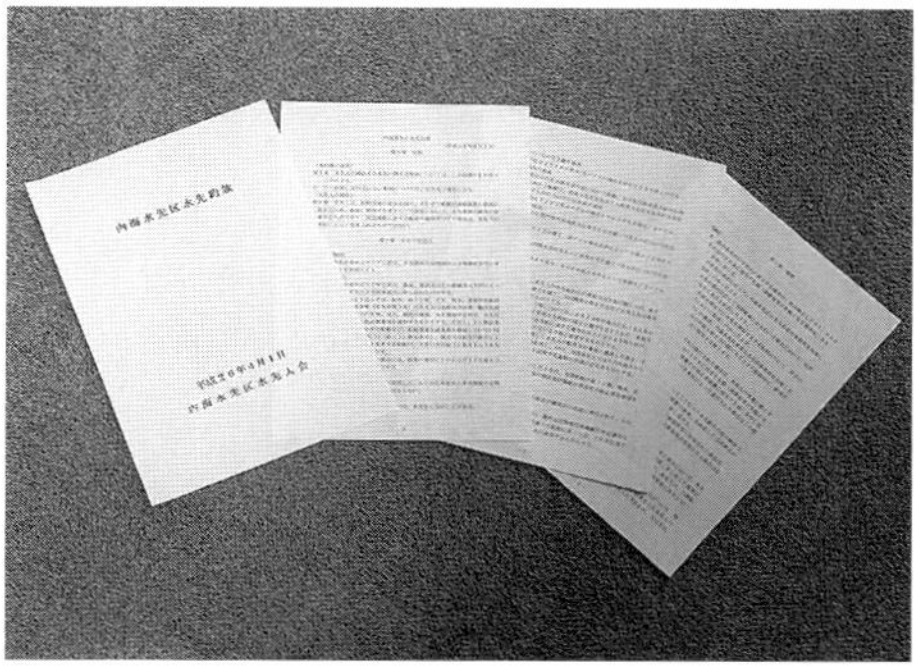

内海水先区水先約款

水先人は、水先約款を定め国土交通大臣に届出することになっている。水先約款についても水先人個人のものであるが、実際には各水先区においてひな型があり、これを各水先人が使用している。

水先人の地位について、内海水先区水先約款（第一章第二条）には次のように記載されている。

「水先人は、船舶交通の安全を図り、あわせて船舶の運航能率の増進に資するため、船長に助言する者としての資格において、水先業務に誠実に従事するものであり、安全運航に対する船長の権限及びその責任は、水先人の乗船に

よって変更されるものではない」。つまり、船舶及びその運航についての責任は全て船長にあり、水先人は船長への助言者であることが明記されている。ここにおいて水先人の立場及び船長との関係が明確にされている。

Q7 水先法ってどんな法律？

A

(1) 水先法の経緯

現代法としての水先法という意味では、一八七八（明治八）年一二月一五日太政官布告第一五四号による「西洋型船水先免状規則」が、わが国最初である。一八九九（明治三二）年の旧水先法制定を経て、一九四九（昭和二四）年に現行の水先法が制定された。その後、一九六四（昭和三九）年水先人会の設置等を内容とする改正が行われた。二〇〇六（平成一八）年には、日

本人船員の減少に伴う水先人後継者不足、港湾の国際競争力強化の観点からのコスト削減要請、海洋環境保護意識の高まりなど社会情勢の変化を背景に、水先法の大幅な改正がなされ二〇〇七（平成一九）年施行された。新たな水先法において、資格要件が緩和され等級別（一級から三級）の免許制度が導入され、船長経験の無い者にも水先人の免許が得られるようになった。それまでは、水先人といえば外国航路の船長経験者がなるものと決まっていた。

「水先人は、水先区ごとに、一個の水先人会を設立し、その免許に係る水先区に設立されている水先人会に入会しなければならない」（水先法第四章第四十八条、第五十二条）ことになっている。二〇〇七（平成一九）年施行の水先法において、水先人会は法人であることが義務付けられ、各水先人会は法人化されている。

(2) 水先法の概要

水先法の目的は、船舶交通の安全を図ること、及び、船舶の運航能率の増進に資することの二点である。その目的を達成するために以下の三点を規定している（水先法第一章総則第一条）。

① 水先をすることができる者の資格を定める。

② 水先人の養成、確保のための措置を講ずる。
③ 水先業務の適正かつ円滑な遂行を確保する。

具体的には、水先人の免許、水先人の養成・教育・訓練、水先区、水先人会、強制水先制度、水先業務、水先料金などについて規定している。

Q8 水先人は、日本に何人いる？

A

現在、全国には六七九人（二〇一五年四月一日現在）の水先人がおり、全国三五の水先区のどれかに所属することになっている。東京湾水先区には一七九人、伊勢三河湾水先区には一一三人、大阪湾水先区には一〇八人、内海水先区には一五〇人、関門水先区には三九人と五大水先

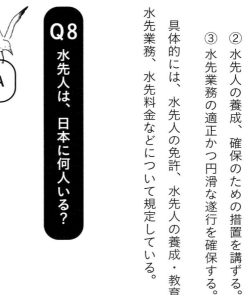

主要水先区の在籍水先人数

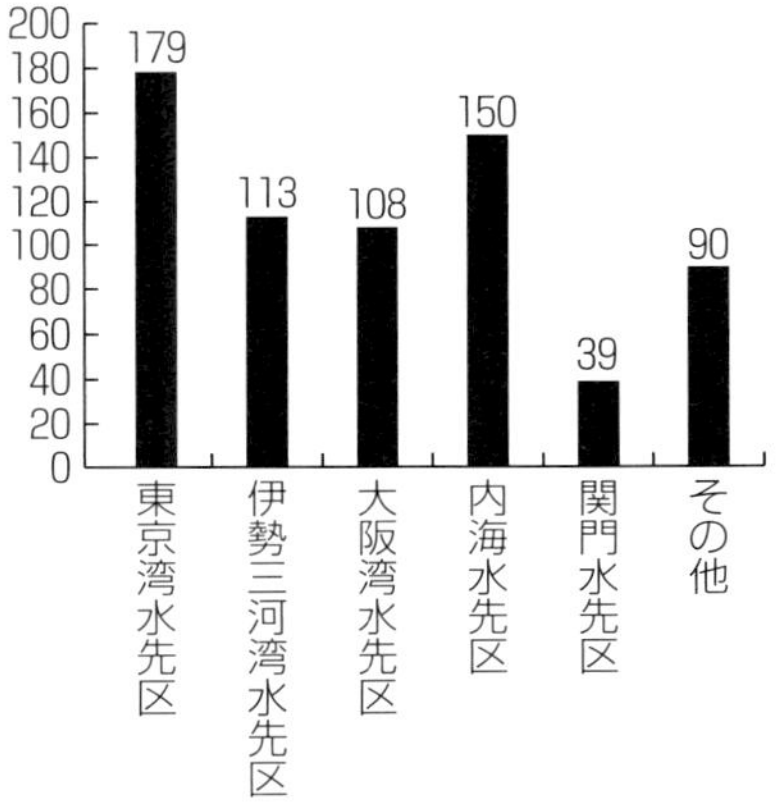

区に全体のおよそ九割の水先人が在籍している。内海水先区による瀬戸内海の水先実績、つまり水先業務を行った船舶の隻数は三〇三七一隻である（二〇一四年数値）。

水先人は、かつては大手船会社で外航航路の船長を経験したものがその職に就くというのが一般的であったが、現在は制度が変わり、外国航路の船長の経験が無くても決められた教育を受けて資格を取得すれば若くして水先人になれる道もある。既にこの新しい制度の下で資格を取って活躍している水先人もいる。さらに、最近では女性の水先人も誕生している（第Ⅰ部参照）。

Q9 水先案内の需要はどのくらいある？

A

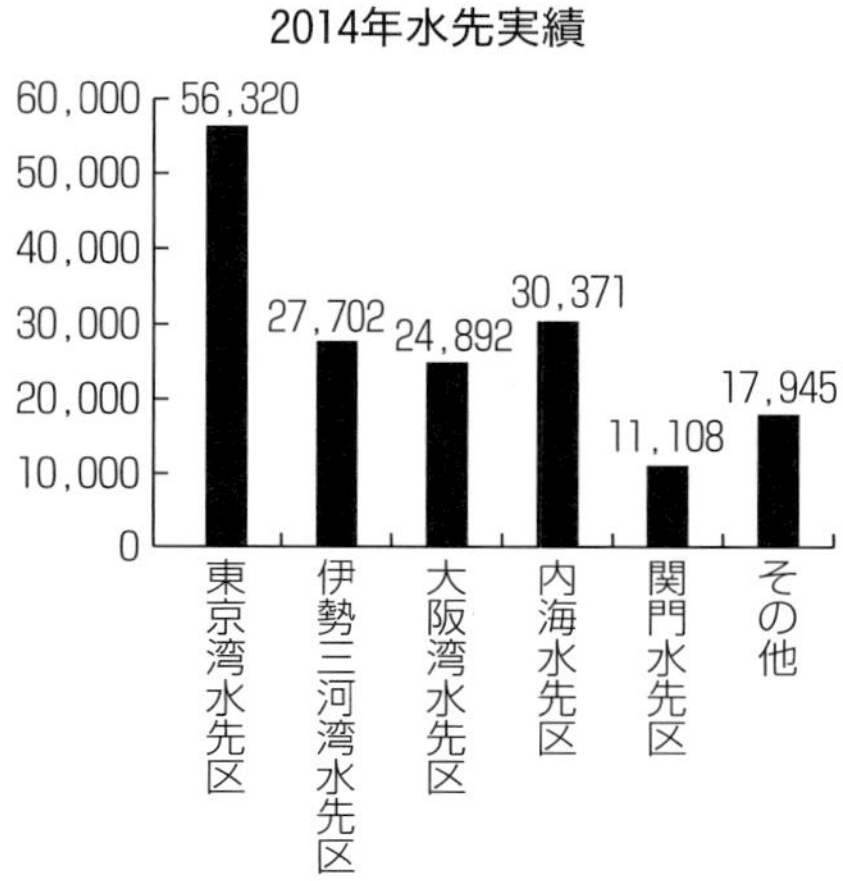

二〇一四年の水先実績は、全国で一六万八三三八隻、六七八万三〇一三総トンであった。水先は、船舶から要請があればその要請に応える義務（応招義務、Q18参照）がある。したがって、水先実績、イコール水先需要ということになる。つまり、水先需要は、隻数でおよそ一七万隻ということとなる。一日平均四六〇隻の水先需要があることになる。この需要に対して全国三五の水先区の約七〇〇人の水先人で応じている。

水先区別にみると、東京湾水先区が五万六三二〇

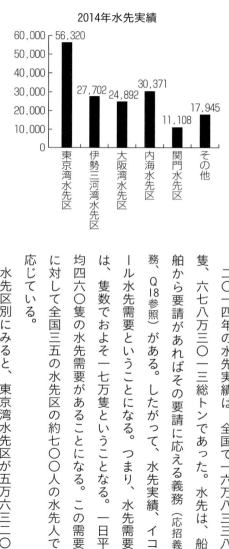

隻と最も多い。次いで、内海水先区が三万三七一隻である。これに伊勢三河湾水先区（二万七〇二隻）、大阪湾水先区（二万四八九二隻）、関門水先区（一万一一〇八隻）と続く。これら五大水先区で全体のおよそ九〇パーセントを占めている。

Q10 どうすればパイロット（水先人）になれる？

A

パイロット（水先人）になるためには、国家試験である水先人試験に合格し、水先人の免許を取得する必要がある。水先人の免許は各水先区ごとに公布される。免許を受けた水先区のみで水先業務を行うことができる。水先人の免許は、一級から三級の等級別の免許になっている。二級、三級の水先人は、現在は東京湾、伊勢三河湾、大阪湾、内海及び関門の五つの水先区のみ業務が可能である。また、二級、三級水先人は、それぞれの級で一定の経験を経た後、進級

のための教育・訓練を受け、上級の水先人の免許を取得することが可能である。

水先人になるためには、水先法で定められた水先人養成課程を修了し、所定の要件を満たし、かつ水先人試験の合格しなければならない。例えば、三級水先人の場合は、三級海技士（航海）または、これより上位の海技士免許を取得していること及び、一〇〇〇総トン以上の沿海以遠の船舶で航海士以上又は実習生として一年以上の乗船履歴が必要である。

水先人の養成を行う学校を「登録水先人養成施設」といい、日本では唯一兵庫県芦屋市にある「海技大学校」がそれに当たる。同大学校には「水先教育センター」が設置され、現役水先人等が講師として教育訓練に当たっている。水先養成課程を履修する者を水先修業生と呼ぶ。

水先人養成のための教育は比較的長期に及ぶため、（財）海技振興センターでは、水先人を目指して登録水先人養成施設に入ろうとする人を対象に、経済的支援を含む各種の支援を行っている。（支援を受けるには、海技振興センターが実施する選考試験を受け、選考される必要がある）。詳しい情報は、海技振興センターのホームページに詳しく掲載されている。

海技大学校における水先人養成課程の入学時期は、級によって異なる。一級水先人は四月入学、二級水先人は二月入学、三級水先人は一〇月入学である。

水先人養成課程での教育訓練は、全ての水先区に共通した内容（水先区共通教育）と水先区個

水先人になるための要件

要件			一級水先人	二級水先人	三級水先人
乗船履歴	船舶	総トン数	3,000 トン以上	3,000 トン以上	1,000 トン以上
		航行区域	沿海以遠	沿海以遠	沿海以遠
	職務	職名	船長	一等航海士以上	航海士以上又は実習生
		期間	2 年以上	2 年以上	1 年以上
海技士の免許			三級海技士（航海）又はこれより上位の資格の免許		

出所：日本水先人会連合会 HP。

海技大学校における等級別の養成期間

等級	合計期間	商船乗船実習（注２）	座学（注３）	操船シミュレータ（注４）	水先関連事業実習（注５）	水先実務修習（注６）
一級水先人	8.5ケ月	―	3ケ月	1.5ケ月	0.3ケ月	3.7ケ月
二級水先人	1年3ケ月	―	5ケ月	3ケ月	0.3ケ月	6.7ケ月
三級水先人（航海士経験者）（注１）	1年9ケ月	―	6ケ月	5ケ月	1ケ月	9ケ月
三級水先人（新卒者等）	3年9ケ月	2年	6ケ月	5ケ月	1ケ月	9ケ月

（注１）三級水先人（航海士経験者）とは、船長又は航海士として総トン数千トン以上の船舶（沿海以遠）に１年以上乗り組んだ経験を有する者。

（注２）商船乗船実習は、外航商船（総トン数千トン以上の船舶（沿海以遠））等に船員（航海士）として乗船して商船の運航実務を習得することを目的に２年間外航船社に出向し、航海士として勤務する形態で履修。

（注３）座学は、航海、運用、法規及び英語に関する科目等を履修。

（注４）操船シミュレータは、操船シミュレータ装置を用いて実践的に履修。

（注５）水先関連事業実習は、タグボートでの訓練、船舶代理店での実習のほか海上交通センターや荷役ターミナル等の見学。

（注６）水先実務修習は、免許の取得を目指す水先区に赴き、既に水先業務に従事している一級水先人と一緒に実際に船舶に乗り込んで行う実践的な実習。
なお、上表の合計期間は、最短の期間であり、１～２ケ月延びる場合があります。

出所：日本水先人会連合会 HP。

水先人になるまでの流れ

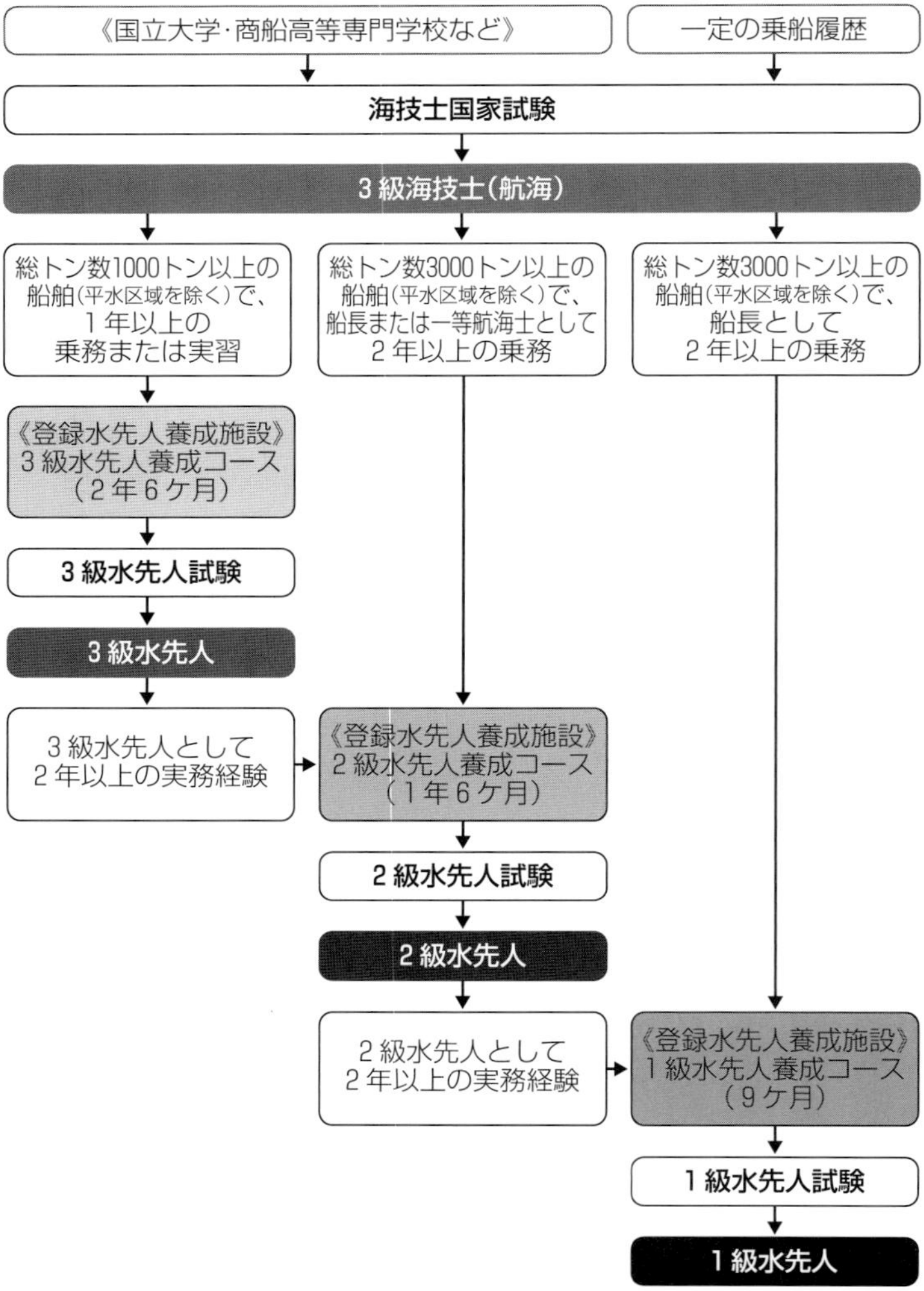

出所：内海水先区水先人会 HP。

別の内容（水先区個別教育）に仕分けして行われる。水先区共通教育は、海技大学校において、水先区個別教育は、免許取得を目指す水先区において行われる。水先区共通教育を修了し、国家試験の一部に合格しなければ、水先区個別教育に進むことができない。

海技大学校での水先区共通教育及び水先区での水先区個別教育が終わると、海技大学校において養成課程の修了試験が実施される。

国家試験である水先人試験は、身体検査と学術試験に分かれている。身体検査は、学術試験の前に行われ、視力（矯正視力も可）、弁識力、聴力、疾病及び身体機能が検査される。学術試験は、筆記試験及び口述試験（口頭試問及び海図描画）により実施される。筆記試験は、水先区共通教育の実施期間中に、口述試験は、水先区個別教育の実施期間中に行われる。水先人になるための最短期間は、三級水先人の場合、航海士としての経験がある場合は、一年九ケ月であるが、新卒者で、航海実績が無い場合は、二年の商船の乗船実習が課されるため三年九ケ月が最短となる。

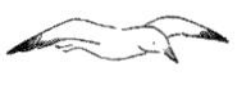

Q11 一級、二級、三級水先人の違いは？

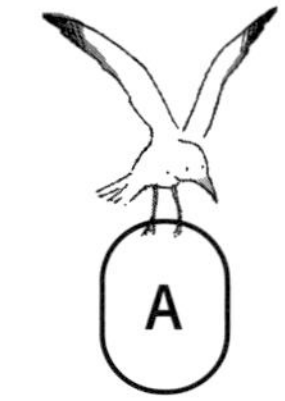

水先人の免許は、一級水先人、二級水先人、三級水先人の三種類があり、その免許によって水先業務を行える船舶の大きさが異なる。また、二級、三級のそれぞれの水先人は、一定の水先業務経験を経たのち、上級免許に進級することができる。免許別の資格要件を表にまとめた。従来、水先人になるには、三〇〇〇総トン以上の船舶で三年以上の船長経験が必要であったため、外国航路の船長経験者がなるのが一般的なコースであった。しかし、二〇〇六（平成一八）年の水先法の改正（平成一九年四月から適用）により、登録水先人養成施設で所定の教育を受けることで、船長経験のない人でも水先人になることが可能になった。現在、登録養成施設は、独立行政法人海技教育機構海技大学校のひとつである。水先人養成支援対象候補者の決定、各登録水先人養成施設における入学試験は海技振興センターが実施する。

水先人の免許の種類と行使範囲　水先人免許取得要件

免　許	行　使　範　囲
一級水先人	制限なし
二級水先人	上限５万総トンまでの船舶、但し危険物積載船は上限２万総トンまで
三級水先人	上限２万総トンまでの船舶、但し危険物積載船は不可

注：平成18年改正水先法（平成19年４月から適用）。
　　二級、三級の水先人は、一定の水先業務経験を経た後、上級免許に進級できる。
出典：国土交通省海事局海技課監修『最新　水先法及び関連法令』成山堂書店、2009年。

水先人免許取得要件

要　件	一級水先人	二級水先人	三級水先人
乗船総トン数	3000総トン以上	3000総トン以上	1000総トン以上
船舶航行区域	沿海以遠	沿海以遠	沿海以遠
履職職名	船長	一等航海士以上	航海士以上又は実習生
歴務期間	２年以上	２年以上	１年以上
海技免許	三級海技士（航海）又はこれより以上の資格の免許		
養成機関	当該級の登録水先人養成施設の課程の修了		
国家試験	当該級の水先人試験（身体、筆記、口述）の合格		

注：平成18年改正水先法（平成19年４月から適用）。
出典：国土交通省海事局海技課監修『最新　水先法及び関連法令』成山堂書店、2009年。

Q12 水先人に定年はあるの？

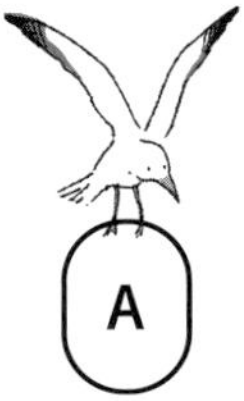

水先人にも定年はある。国土交通省の許可を受けた上で、それぞれの水先区の会則で定められている。現在、各水先区ともに定年は七二歳未満となっている。ただし、健康状態が良好であるなどの条件付きで二年の延長が認められている。また、昨今の水先人不足の状況を考慮して更に一年の延長が可能である。七五歳未満において水先業務を続けることができる。つまり、健康であれば七四歳定年ということである。

従来は、外国航路の船長を経験して五〇歳半ばで水先人に転職するケースが多かったので、こうしたケースではおよそ二〇年間水先人を務めることになる。ただし最近は、新たに三級の制度ができたので、早ければ二〇代で水先人になることができる。定年まで勤めると五〇年近く水先人を務めることになる。七〇歳を過ぎて現役で働ける仕事はそれほど多くはないだろう。しかし、弁護士や医者と違い体力が無くては続けられない。健康管理、健康維持は水先人にと

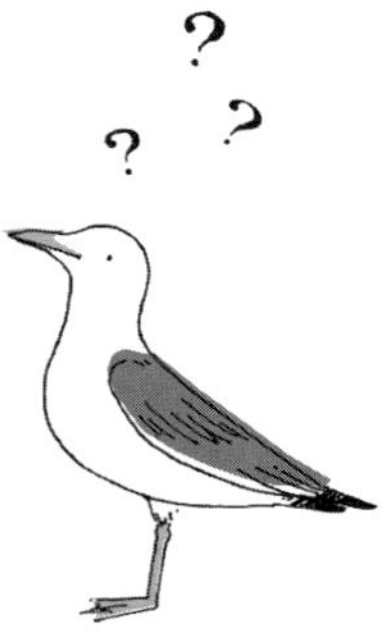

って最重要課題の一つである。

Q13 水先人の収入は？

A

水先人の収入は、日本水先人会連合会のホームページによると一級水先人で外航船船長とほぼ同等、二級水先人で同一等航海士とほぼ同等、三級水先人で同三等航海士とほぼ同等で年収六〇〇～八〇〇万円程度と記されている。水先人は、基本的に個人事業主であり、外航船の船員は企業の従業員である。そのため、収入で比較するのは無理があるだろう。水先人の場合は、国民健康保険や国民年金を自ら負担しなければならない。もちろん退職金はない。また、税務申告も自身で行わなければならない。たいてい税理士にお願いするようだが、税理士への支払いも発生する。所属する水先区への会費も小さな額ではない。水先区の運営は水先人の会費で

水先人の収入

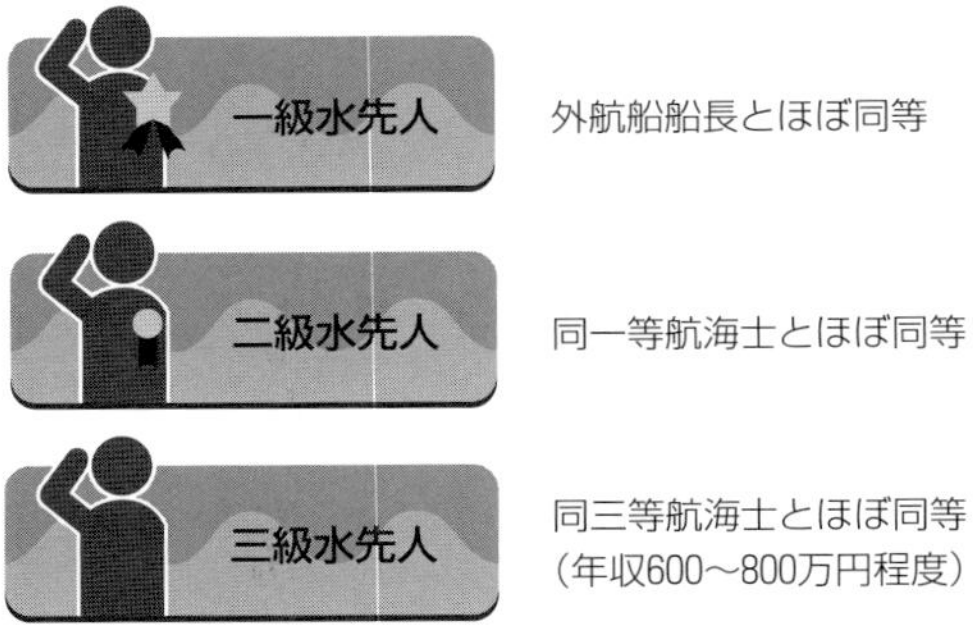

出所：日本水先人会連合会 HP から引用。

なされている。このように、見た目の収入は多いが、企業の従業員にはない多くの支出がある。したがって、なかなか水先人の収入を推し量るのは困難である。大雑把にいって、いろいろな費用を差し引きして、ネットベースで外航船の船員と同等、あるいは少し高めと推測する。一級水先人で二千数百万円になると考えられる。

海外でも水先人の年収は、外航船船長と同等もしくは、それより少し高めと聞く。水先人が高度の技能を持った専門職として高く評価されている証と言える。

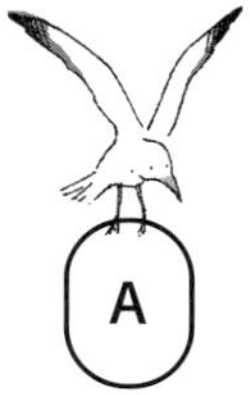

Q14 水先人の仕事は危険って、ホント？

「私たちは水先をする場合、常に四つの危険な関門をくぐらねばならない。その第一は、水先艇からパイロットラダーに乗り移る瞬間、第二は、パイロットラダーから舷側を越えて上甲板に降りるときである。水先を終了して下船するときは、その逆のプロセスにおいて第三、第四の危険を伴う」。これは、元パイロット藪内稔氏の著書『一隻入魂』成山堂書店（一九八六年）の一節である。

水先人の仕事は、基本的に潮流が速い場所、あるいは多くの船舶が輻輳《ふくそう》する難所において船舶を安全に導くのが役割である。相当な速力で走っている船舶にパイロットラダーを使って乗降する。近年、船舶が大型化しており、水面から甲板まで三〜四階分の高さをパイロットラダーで登らなければならないこともある。深夜の荒れ狂う海という悪条件の日もある。パイロットボートは木の葉のように揺れる。荒れる海では、パイロットボートは大きく上下する。五〜

六メートル上下することもある。全神経をはりつめ、上下するパイロットボートにタイミングを合わせパイロットラダーに飛び移る。大きな危険を伴う瞬間である。細心の注意を払うことは言うまでもない。それでも、残念ながら、パイロットラダーから海中に転落し死亡した例も少なからずある。傍から見るほど楽な仕事ではない。命がけの仕事である。

パイロットにとっての命綱ともいえるパイロットラダーを別名ジャコブスラダーということもある。この語源は、讃美歌三〇六番の三節の中に出てくる「みそらに通う梯《かけはし》」の原典、旧約聖書創世紀第二八章第一二節に記されている「ヤコブ（Jocob）が夢に見た、天使が上り下りしている、天から地まで至る梯子」に由来している。前出の、藪内稔氏は、パイロットラダーといわず「ジャコブ」を好んで使っていた。パイロットラダーが聖書にいう「みそらに通う梯」であり、自らの命を託しているという気持ちからである。

瀬戸内海という大きな水域を担当する内海水先区の水先人の業務は、シーパイロット業務が中心であり、その業務は長時間にわたり、精神的にも肉体的にも重労働だ。水先は、想像以上に大変な業務である。乗る船は一隻ずつ船型や喫水、さらには操船性能も大きく異なる。乗組員も多種多様の国の人、人種が乗組んでいる。このように種々雑多な船舶と変化する気象、海象と輻輳《ふくそう》する船舶、多くの係留施設の組み合わせからなるのが水先業務である。こうした業務に従事し、瀬戸内海を航行する船の安全を守る水先人には、知力と体力の両方が求められる。

Q15 水先人の労働時間は短いってホント？

内海水先区の場合、一ケ月の休日は六日。それ以外は勤務日となる。

水先業務をする船の数は、一級水先人で一ケ月に一二隻から一三隻である。三級水先人の場合は制約があるので六～一〇隻と少なめだ。一隻当たりの業務時間は、乗船してから下船するまでとすると、短くて四～五時間、長ければ一〇～一二時間におよぶ。

内海水先区は担当する海域が広いため業務する船によって大きく時間が異なる。例えば、神戸沖で乗船して、神戸製鋼加古川工場へ鋼材を積むために行く船の場合だとおよそ四時間の業務だ。しかし、神戸沖で乗船して瀬戸内海を縦断して大分港まで行くケースだと一〇時間を超

水先人の勤務形態

出所：日本水先人会連合会 HP から引用。

えることもある。

仮に、平均八時間とし、一二隻の業務とすると労働時間は、月間九六時間となり、一般の勤め人に比べれば短い。しかし、船に乗り込むために、あるいは下船してからの帰路の移動に大きな時間を要す。一般の企業では、通勤はもちろん勤務時間には入らないが出張の場合は勤務時間である。水先人の仕事は、常に出張を伴う業務である。つまり、乗下船の港までの移動、港からパイロットボートでの船への移動時間がある。また、船の遅れなどのために待機する時間も考慮しなければならない。内海水先区の場合は、特に移動時間が長い。仮に、移動時間を平均五～八時間とすると勤務時間は一挙に二倍になる。勤務日数にすると二四～二五日程度となり、冒頭の休日日数の月間六日と一致する。むしろ、一般の企業より勤務時間は長いかもしれない。

実は、水先人には乗船、移動の他に待機というのがある。実際に、仕事が無くても、いつ水先業務の要請がきても、すぐに対応できる体制でいることをいう。したがって、この待機は拘束時間であり、労働時間としてカウントされるべきものである。この待機の間は、要請があればいつでも対応できるようにしていなくてはならない。旅行などの遠出はもちろん出来ない。一年三六五日入出港する船はある。したがって、水先人には盆も正月もない。乗船、移動、待機が勤務時間である。結果、休日は月に六日間となる。

一般の企業の労働が月二〇日程度とすると水先人の労働時間が短いとは言えない。内海水先区の守備範囲が神戸沖から関門の手前までと広いために移動に時間がかかる。そのため、ある一定数の水先人を門司に待機させ、効率的に業務にあたれるようにしている。内海水先区の水先人は皆、月一〇日程度の門司待機が課される。

そうはいっても、実際の乗船時間だけを見れば長くはない。待機の間は、自分の時間に充てられる。昇級のための勉強、趣味、体力づくりにと人それぞれ、比較的自由な時間を持つことができるのも事実である。水先人の労働時間が短いか、長いかは捉え方によるだろう。

Q17 嚮導《きょうどう》ってどういう意味？

A

国語辞典では「先に立って導くこと。また、その人」（大辞林）とあり、パイロットが船舶に乗船し、その船舶を導くことをいう。

一八九九（明治三二）年水先法第一条において、「水先人ハ水先免状ヲ有スルコトヲ要ス。水先人ニアラザル者ハ水先区ニ於テ船舶ノ水路ヲ嚮導《きょうどう》スルコトヲ得ス」と、ここで嚮導という用語が使われている。水先業界では一般に使用される言葉であるが、それ以外で使われることはないようだ。

Q18 応招《おうしょう》義務《ぎむ》って何？

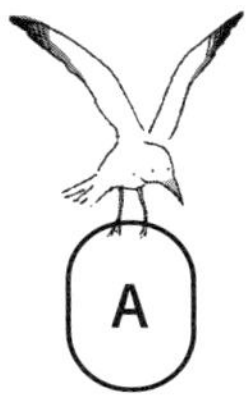

水先業務は公共性が高い。その業務が適切に機能しなければ海上交通に重大な支障を来たし、国民生活に直接、あるいは間接に影響することからその公共性の高いことは明らかである。そのために、水先法によってその業務が規程され、水先人は国土交通大臣の免許を受けなければならないことが定められているのである。

水先業務が高い公共性を有するが故に、水先法第三章第四十条において「水先人は、船長から水先人を求める旨の通報を受けたときは、正当な事由がある場合のほか、その求めに応じ、その船舶に赴かなければならない」と、水先人には応招義務があることが明記されている。その応招義務を果たし、公共財としての役割を果たす手段として用いられているのが輪番制《りんばんせい》である。輪番制によってすべての船舶に対して平等に応招が可能になる。また、水先人が多様な船型や水先案内の仕事についての経験を持つことが可能になる。

強制水先区の区域と対象船舶

	区　域	対象船舶
港域に設定された強制区	横須賀 佐世保 那　覇	3百総トン以上の外国船 国際航路に従事する3百総トン以上の日本船 国際航路に従事しない1千総トン以上の日本船
	横浜川崎	3千総トン以上の船舶 但し危険物積載船の外国船は3百総トン以上
	関　門	3千総トン以上の船舶 但し危険物積載船及び若松区第1区～第4区に係る入出港する外国船は3百総トン以上
水域に設定された強制区	東京湾 伊勢三河湾、大阪湾 備讃瀬戸（水島港を含む） 来島海峡 関門海峡（通過船）	1万総トン以上の船舶

注：港域と水域に11の強制区が設定されている。
＊強制水先免除制度：強制水先の対象船舶であっても、水先法に定める一定の要件を満たす船長が乗船する船舶においては水先人を乗船させることが免除される。
出典：国土交通省海事局海技課監修『最新　水先法及び関連法令』成山堂書店、2009年。

こうした港や水域を強制水先区といい、この制度を強制水先制度という。これは、海難事故の発生を防ぎ、海上交通の秩序を維持し、港湾施設や水域環境保護の観点から取り入れられた制度である。現在、日本には一一の強制水先区が設定されている。

ただし、国土交通省において定めた回数以上当該港、又は水域で航海に従事した船長（地方運輸局長が認めた）が乗り込む船舶については強制水先区であっても水先人を乗船させなくてもよい。これを強制水先免除制度という（水先法第三章第三十五条）。

Q20 水先人手配の流れはどうなっている？

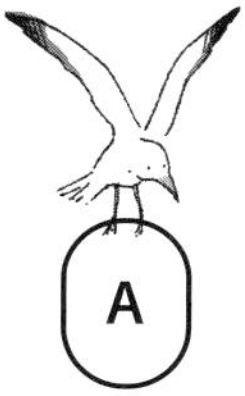

水先業務は、船会社又は船舶代理店から水先業務の要請があった時からはじまる。水先人手配の流れはおおむね次の通りである。

（１）本船からの水先業務要請受付

船会社または代理店から水先人会に電話やファックスで水先業務の要請がはいる。

（２）乗船手配

水先人業務要請を受けた水先業務取次窓口担当者は、待機中の水先人に連絡、パイロットボートを手配する。

（３）水先業務要請船に水先人乗船

水先業務取次窓口担当者から連絡をうけた水先人は、パイロットボートで、沖合の乗船場所に向かう。要請船に到着、パイロットラダーを使って乗船する。

（４）ブリッジ（船橋）での情報交換

ブリッジで船長から船の性能など操船に必要な情報を入手、船長に対して港や水域の状況及び航行計画について説明する。

（５）航行業務

浅瀬《あさせ》や潮流《ちょうりゅう》などの自然条件、他船や操業中の漁船の状況を把握しながら針路や速力等を船長にアドバイスする。

（６）着岸業務

143　水先人手配の流れはどうなっている？

内海水先区業務概要図

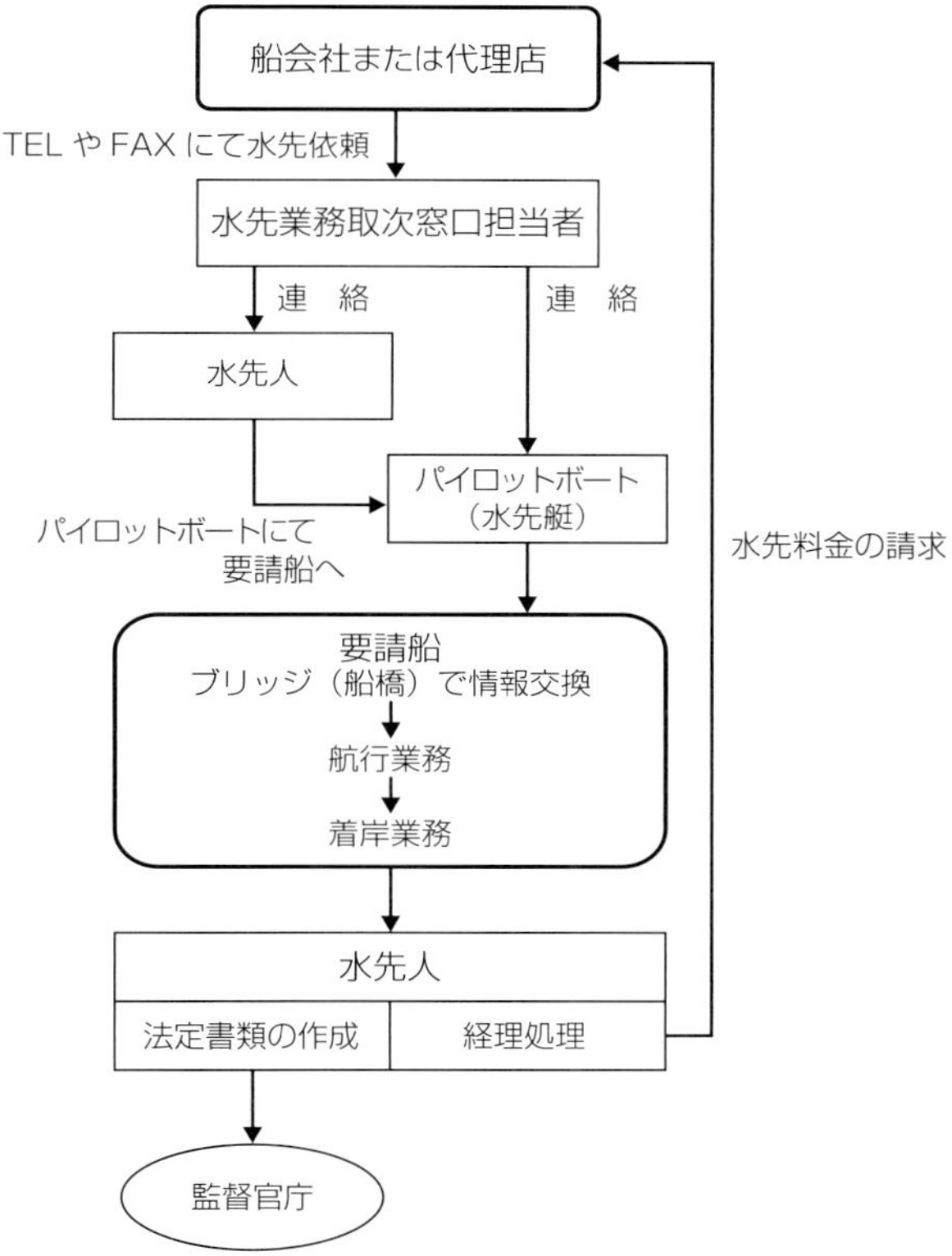

出典：内海水先区水先人会。

港内で目指す岸壁が近づくと、タグボート（曳船《えいせん》）の操船支援を受けながら、風や潮流を考慮して岸壁に接近、毎秒数センチメートルというゆっくりとした速度で船を岸壁につける。

（7）業務完了・下船

着岸後、船を岸壁に固定して業務終了となり、下船。

（8）法定書類の作成

水先業務終了後、水先人は法定書類を作成、監督官庁（地方運輸監理部経由、国土交通省）に提出する。

（9）経理処理

水先人は、水先料金表にしたがって、船会社又は代理店に水先料金を請求する。

Q21 水先区の組織はどうなっている？

パイロットは、それぞれが独立した個人事業主だ。個人商店の店主のようなものである。しかしながら、それぞれが個別に営業していたのでは、不便である。そこで、すべてのパイロットは、全国に三五ある水先区のいずれかに属さなければならないことが水先法によって定められている。それぞれの水先区は、水先人会という法人を設立し、船会社や代理店からの水先業務の要請を受付けパイロットを手配するなどの日々の運営は法人が行っている。この法人は、水先法によって設立された特殊法人である。内海水先区の法人は、内海水先区水先人会であり、瀬戸内海全域の水先業務に関する業務を行っている。理事会が意思決定機関として位置付けられる。理事会の下、各種委員会が設置され、それぞれ専門分野についての議論が行われる。理事会の構成は、パイロットの中から選挙で選ばれる会長、三名の副会長、理事、監事がいる。任期は一年、但し、会長、副会長は二期二年務めるのが慣例となっている。理事、監事の各一

内海水先区水先人会組織図（2016年9月1日現在）

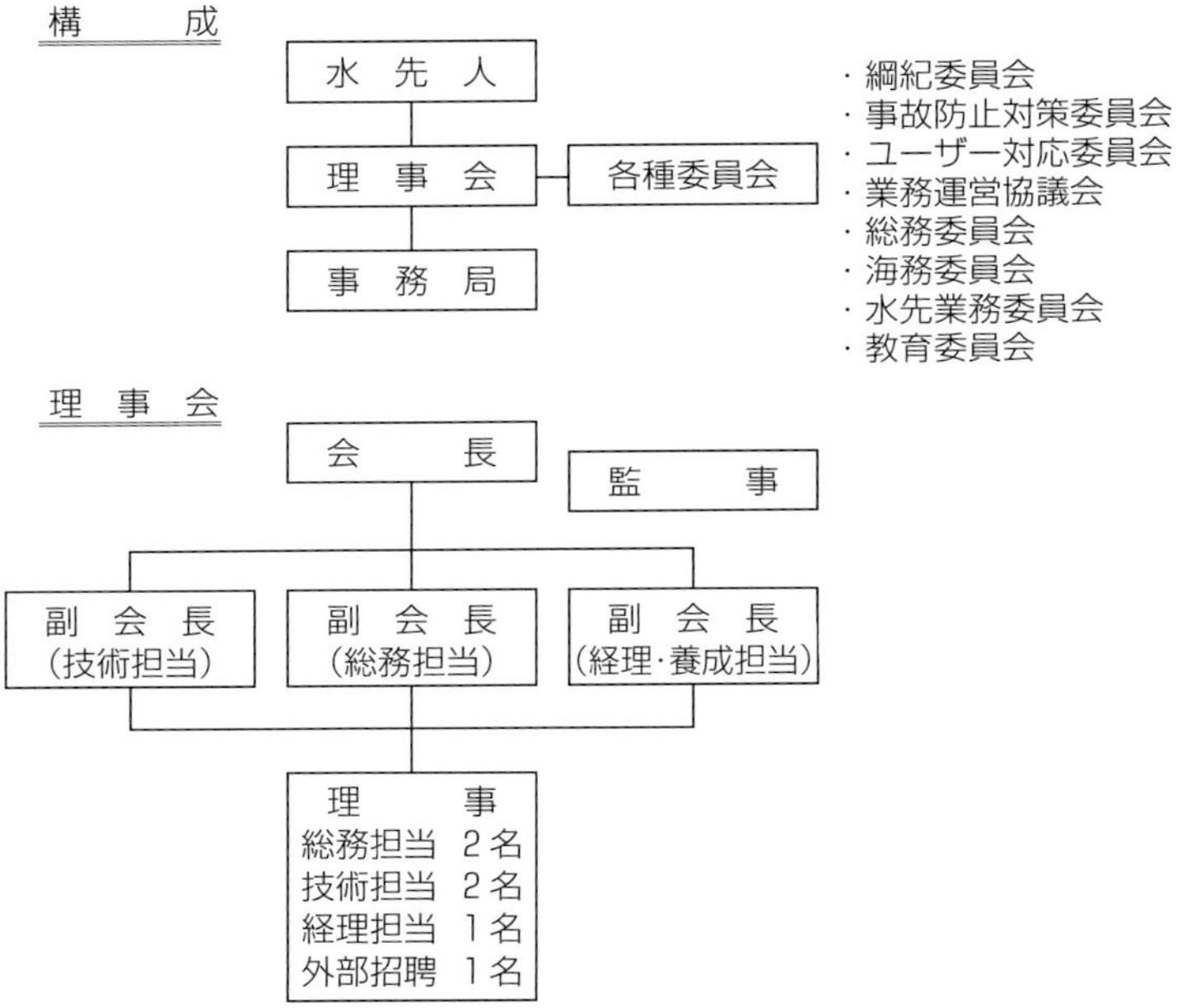

出典：内海水先区水先人会。

名は、外部から招聘《しょうへい》される外部理事、外部監事である。事務局は、事務局長の下に業務部、総務部、経理部の三部（五課）及び、門司支部と広島、水島の連絡事務所から構成されている。

　業務部配乗課は、船会社や代理店より水先要請を受け、パイロットの手配を行う。同海務課は、水先業務を行う上で必要な資料の作成、関係各所（主にユーザーや関係官庁）とのやり取りやパイロット養成のための支援等を行う。総務部総務課は、水先人に対する周知に関する事務、

内海水先区水先人会の執務風景

各種手続きに関する事務の他、庶務全般の事務を行う。経理部経理課は、会全体の一般会計等を行う。予算作成や決算書類の作成もこの課の仕事である。水先料に関わる費用の顧客への請求などの手続き等を行うことも経理課の役割である。

法人としての内海水先区水先人会には、事務局長以下二〇名が勤務している（二〇一六年九月一日現在）。

Q22 パイロットステーションって何ですか？

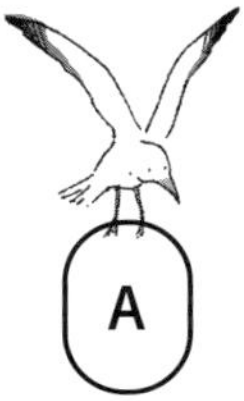

パイロットが本船に乗り込み、あるいは下船する海上のポイントをパイロットステーションという。実際に、構築物とかがあるわけではなく、海の上の座標に過ぎない。水先人は、パイロットボートでパイロットステーションに移動、パイロットステーションで乗船、あるいは下船する。

内海水先区での船舶と水先人の最初の接触地点である。内海水先区には三ケ所のパイロットステーションがある。和田岬、部埼《へさき》、関崎《せきさき》の三ケ所である。和田岬ＰＳは大阪湾水先区との交代場所、部埼ＰＳは関門水先区との交代場所、関崎ＰＳは外海との乗下船場所である。

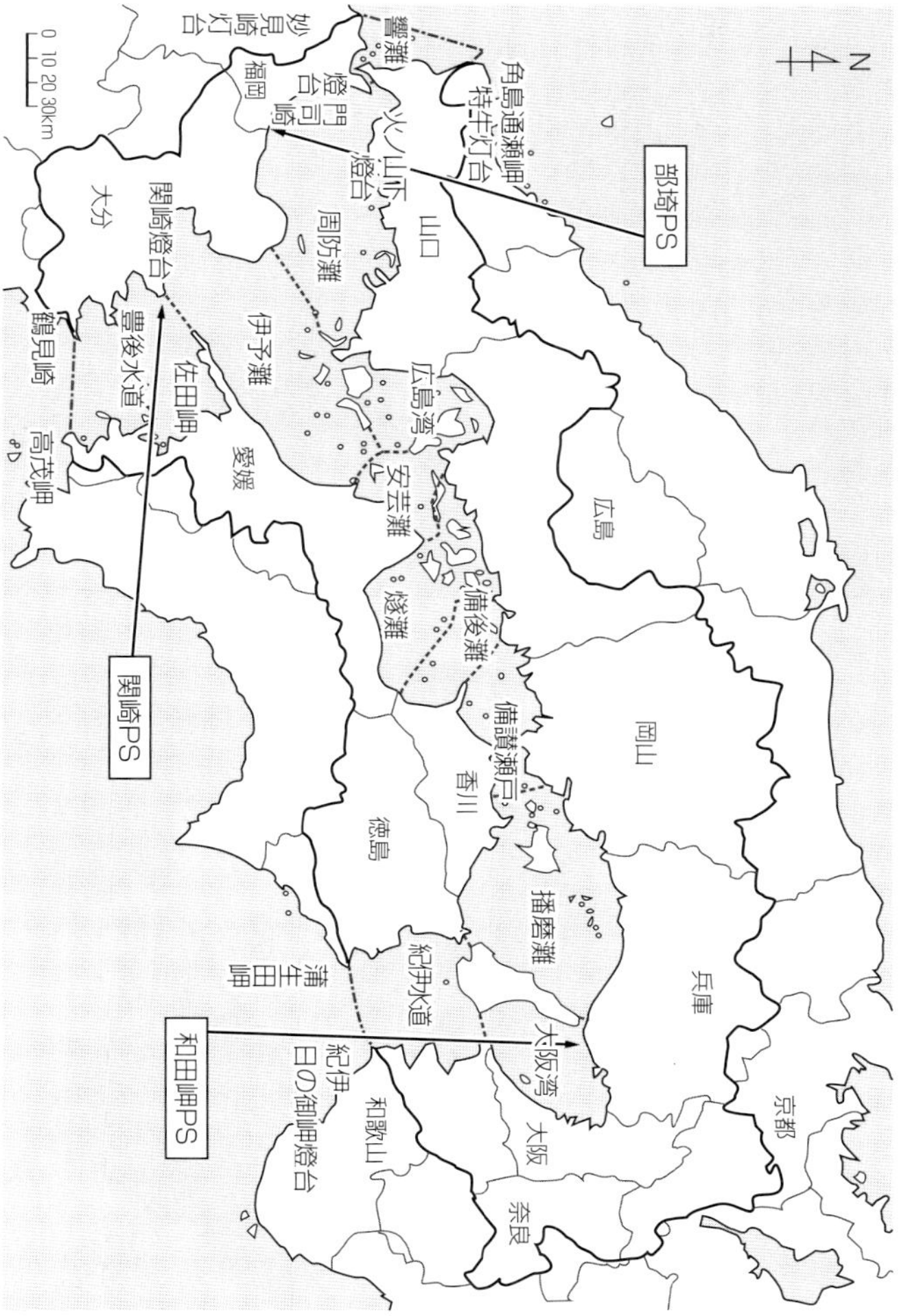

内海水先区のパイロットステーション（PS）

Q23 水先人の七つ道具って何?

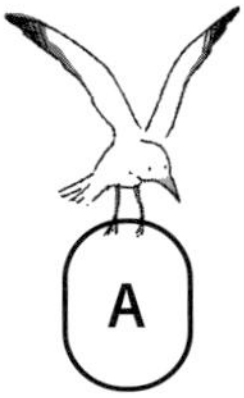

水先人の持つ鞄は大抵大きく膨らんでいる。鞄には、水先業務を遂行するために欠かせない、いわば水先人の「七つ道具」が入っている。救命胴衣、トランシーバー、双眼鏡、海図、コンパス、定規、計算機、サングラス、レインコート、懐中電灯および予備の電池、さらに水先人会作成のハンドブックや様々な情報の書きこまれた手帳などが詰まっている。また、「パイロットサポーター」という内海水先区とメーカーが共同開発した瀬戸内海の航海支援ソフトがインストールされたパソコンも必需品だ。内海水先人の場合には、乗下船のために長距離移動を伴うことが多く、また業務時間も長時間にわたるために洗面道具や着替えに、場合によっては弁当を持参することもある。鞄が膨らむのも当然だ。

水先人の七つ道具

出典：内海水先区水先人会。

Q24 水先人はどうしてみんな帽子をかぶっているの？

A

水先人のトレードマークと言えば帽子と鞄。この帽子、伊達《だて》や酔狂《すいきょう》で身に付けているのではない。きちんとした意味、役割がある。水先人は、雨の日と云えども、傘をさすわけにはいかない。傘をさしてパイロットラダーを登ることはできない。また、船の上にはいろいろな突起物などがある。つまり水先人の帽子は、雨を避けるとともに頭の保護という大切な役割がある。もちろん風で飛ばされることの無いように紐のついた特注品だ。

パイロットの帽子
いろいろ

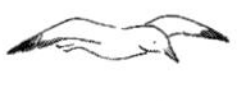

Q25 内海水先区の水先人はみんな門司に別荘を持っているってホント？

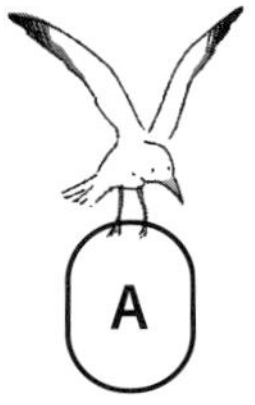

内海水先区の守備範囲は瀬戸内海全域に大分港を含む広い範囲である。大分や広島での乗下船も多い。大分港での乗船のようなケースで、その都度神戸から出向いていたのでは効率が悪い。そこで、内海水先区では、神戸本部の他に門司支部を設置し、ここに常時水先人を待機させ効率的に水先人の手配ができる体制をとっている。門司での待機は、すべての水先人が平等に交代で行う。おおむね、一ケ月に一〇日間程度門司での待機となる。およそ三分の一の水先人が定期的に門司待機となっている。待機中は、ホテル住まいということになる。別荘を持っている訳ではない。

Q26 瀬戸内海の海賊とパイロットって関係あるの？

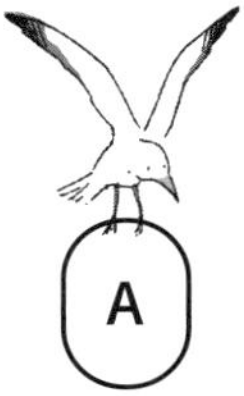

中世、瀬戸内海で活躍した海賊というと、すぐに村上水軍が思い浮かぶ。最近、和田竜の長編歴史小説『村上海賊の娘』（新潮社）ですっかり有名になった。東西に長く伸びる瀬戸内海には、島々が密集した海域が三つある。その中央部に位置し、島々が最も密集しているのが安芸・備後（広島県）と伊予（愛媛県）を結ぶ芸予諸島である。この芸予諸島に能島村上氏をはじめとした瀬戸内海の海賊が生まれた。なぜ、芸予諸島に海賊が生まれたのか。それは、ここが海上交通の要衝であり、難所であるからだ。一番の難所は、来島海峡である。今治市とその沖合の大島との間にあり、来島の瀬戸、西水道、中水道、東水道の四つの狭水道に分かれ、狭く屈曲している。潮流が速く、時には一〇ノットにも達することもあり、春先から夏にかけて濃霧が発生する。また、ここは好漁場であるため一年を通じて多くの漁船が操業する。来島海峡を航行する船舶は一日に七百〜八百隻にもなる。通航する船舶から通航料を徴収することを考

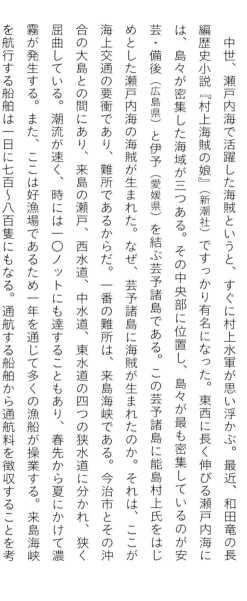

えれば、多くの船舶が通行することが海賊にとっては重要である。さらに、難所であることも重要な要件である。他国から来た船舶にとっては難所でも、そこを日常的な活動の場としているものにとっては難所ではなく、むしろ船舶を捕捉するのに都合の良い場所となる。

ここで、瀬戸内海の海賊と水先案内の関係を考える前に、海賊とは何かについて明らかにしておく必要がある。国語辞典（大辞林）によると、「（1）船を操って海上に横行し、商船や沿岸集落を襲って略奪を働く盗賊。（2）中世、瀬戸内・北九州に本拠をもち、武力を背景に海上活動を行なっていた地方豪族。村上氏・河野氏・小早川氏などが著名。水軍」とあるように、海賊を盗賊と水軍に分けている。山内譲は、瀬戸内海の海賊は四つの違った顔を持つと述べている（『瀬戸内海の海賊』講談社）。それらは次の四つである。

（1）略奪者。海上を旅する人、年貢や商品の海上輸送する人を襲って金品を奪う略奪者。

（2）荘園領主や国家権力に抵抗する。律令政府、幕府、荘園領主などの権力・権威に対立する海上勢力。

（3）航海の安全を保障する勢力。海賊自身を船に乗せることによって海賊の海域を無事通航することができる海賊相互間のシステム。「上乗り」のシステム。警固料を支払う。

海上交通と権力との関係

	海上交通との関係	権力との関係
古代から存在	土着的海賊（略奪者）	政治的海賊（権力への抵抗勢力）
中世後期以降出現	安全保障者としての海賊	水軍としての海賊

（4）水軍。

海上交通との関係と権力の関係によってその性格が違うと述べる。さらに、時代によってもその性格が変化したという。

ここで、注目するのは、海上交通の関係である。古代には略奪者としての海賊であったが、中世以降出現した海賊は、より権力と近づき水軍としての役割、かつ安全保障者としての役割が大きくなっている。「上乗り」は、瀬戸内海の状況に精通しており、警固《けいご》役として他の海賊からの安全を保障するだけでなく、難所の通航に大きな役割を果たしたと考えられる。中世、瀬戸内の海賊の「上乗り」が、水先案内の役割を果たしていたのだろう。一四三四年、帰朝した第九次遣明船の警固を室町幕府は瀬戸内海の海賊に命じている（満済准后日記）。もっともこの時代は、警固と同時に通行料を徴収するなど幕府の命令が十分に実行されたかどうかは疑わしい。

室町時代以後、朝鮮国王が日本に派遣した使節を朝鮮通信使という。室町時代の朝鮮通信使の瀬戸内海の通航で海賊におびえる様子や「上乗り」などが、宋希環の手による『老松堂日本行録』（岩波文庫、一九八七）に詳しく書かれている。

朝鮮通信使は、豊臣秀吉の朝鮮侵略で途絶えていたが一六〇七年に徳川家康によって再開された。江戸時代に一二回の通信使が派遣された。一行は、釜山から対馬、瀬戸内海を通って大坂に到着し、京都から江戸へ東海道を下った。その船団は、護衛、引船など八〇〇隻の大船団になったという。

「通信使船の瀬戸内海往来で細心の注意を必要としたのは瀬（岩礁）である。上関では瀬番船（岩礁の見張り船）を出して目印に青笹を立て、夜は提灯を灯して瀬の位置を明確にする工夫もした。通船には、毎回、必ず水先案内船がつけられた。海上通航でもっとも重要な役割は水先案内である。萩藩領内での水先案内役は、瀬戸内水軍の雄・能島村上武吉の子孫で毛利家御船手組頭（海上奉行）、村上図書《ずしょう》（村上武吉の長男の系統）、一学《いちがく》（村上武吉の二男景親の系統）のどちらかだった」（『瀬戸内海事典』南々社）。

先祖から受け継いだ高度な操船術と自分の庭のように知り尽くした瀬戸内海での航行は、彼らにとっては難しいことではなかっただろう。こうした、高度な技術が、中世から綿々と今に受け継がれて、現代の内海水先人のＤＮＡになっていると想像するのも楽しい。

コラム　国際信号旗

船が港に入港するとき、あるいは出港するときには必ず船尾に国籍を示す国旗を掲げる。マストには寄港国の国旗を掲揚する。船にはその他にも多くの旗が掲げられている。これらの旗を国際信号旗といい、IMO（国際海事機関）によって決められている。船は、国際信号旗を用いて自船の状態やこれから向かおうとしている航路など、周りの船や関係者に一度に意思を伝えることができる。

国際信号旗は、アルファベットを示す二六枚と、数字を表す一〇枚、三種の代表旗と一種の回答旗の合計四〇枚からなる。アルファベット旗は、それぞれが意味を持っている。アルファベット旗一枚による信号を一字信号という。複数のアルファベット旗を組み合わせることで意思の伝達が可能だ。二枚組み合わせる二字信号、三字信号、四字信号がある。一字信号は、頻繁に使われる、あるいは緊急・重要な伝達に使われるものである。例えば、H旗がマストに掲げられていれば、それは、「パイロット乗船中」を意味する。Q旗は「本船は健康、検疫上の通航許可を求める」というもの。スキューバダイビングをしたことのある人なら、ダイビングポートにA旗

A旗（白と青）

意味「本船で潜水夫が活動中。徐速して通過せよ」

H旗（白と赤）

意味「水先人が乗船中」

本船マストに掲揚された日本国旗とパイロット乗船中を表すH旗

が掲げられているのを見たことがあるだろう。A旗には、「潜水夫をおろしています。微速で十分避けてください」という意味がある。この他にも、B旗は「危険物運送中、または荷役中」などがある。

　四字信号の代表は、「信号符字《しんごうふじ》」。これは、船舶固有のアルファベット四文字による符号だ。「コールサイン」と呼ばれるものである。これは、無線の呼び出しにも使われる。船舶は、必ず固有の「信号符字」を持っている。例えば、客船「にっぽん丸」は「JNNU」。最初の一字または二字が国籍を表わす。日本国籍の船は、JAAAからJAZZまでが国際機関から割り当てられている。

　半旗は弔意を表す。また、祝意を表すには満艦飾《まんかんしょく》というように国際信号旗を使うことでいろいろな意思を伝えることができる。

　ちなみに、水先人を表す旗やバッジのデザインは、上半分が白、下半分が赤というものである。これは国際信号旗でパイロット乗船中を表すH旗を横にしたものである。

参考文献

歌川武久『戦国水具の興亡』平凡社、二〇〇二年。

黒嶋敏『海の武士団』講談社、二〇一三年。

宋希環『老松堂日本行録』岩波書店、一九八七年。

内海水先区将来構想諮問委員会「内海水先区の将来の在り方に関する報告書」内海水先区、二〇一六年。

南々社編集『瀬戸内海事典』南々社、二〇〇七年。

日本海事広報協会編集『日本パイロット協会二五年史』日本パイロット協会、一九八九年。

百年史編纂委員会『内海水先人会百年史』内海水先人会、二〇〇一年。

藤崎道好『水先法の研究』成山堂書店、一九六七年。

森隆行「水先業の公共性とその在るべき姿についての考察」『流通科学大学論集』第二二巻第二号、二〇一四年。

藪内稔『一隻入魂』成山堂書店、一九八六年。

山内譲『瀬戸内海の海賊』講談社、二〇〇五年。

李元植・大畑篤四郎・辛基秀ほか『朝鮮通信使と日本人』学生社、一九九二年。

付録　水先案内人関連用語集

アスターン
船の号令、後進を意味する。

アヘッド
船の前進を意味する号令。

VHF
Very High Frequency の略。電波の周波数帯域の用語。船に備え付けの無線は正式には「国際 VHF 無線電話装置」と呼ぶ。パイロットが持つ無線も VHF の周波数を使用するが、船のものと区別してトランシーバーと呼ぶ。

ウイング
ブリッジ（船橋）の左右に在るでっぱった部分。

右舷《うげん》
船の右側。スターボード。

応招《おうしょう》義《ぎ》務《む》
水先法第40条において「水先人は、船長から水先人を求める旨の通報を受けたときは、正当な事由がある場合のほか、その求めに応じ、その船舶に赴かなければならない」とある。これを応招義務という。

艏(オモテ)
船首。

嚮導《きょうどう》

国語辞典では「先に立って導くこと。また、その人」（大辞林）とあり、パイロットが船舶に乗船し、その船舶を導くことをいう。

水先法第２条において、船舶に乗り込み当該船舶を導くことをいう。

（神戸）ポートラジオ

国際 VHF 海岸局。船舶の動静を把握し、その情報を船舶代理店やパイロット、タグ会社等に提供する役割を担う。つまり、船と陸の情報交換の役割を果たす。神戸では、その運用は、東洋信号通信社が任されている。

国際信号旗

船と船、船と陸で意思疎通するための旗。アルファベット26枚、数字10枚、その他４枚の合計40枚で、１～４枚の組み合わせで意味が通じるようになっている。

左舷《さげん》

船の左側、ポート。

シーパイロット業務

内海水先区内のパイロットステーション間、及び港間で航行を伴う船舶を嚮導する業務をいう。

タグボート

曳船《えいせん》。小型だが大きな馬力を持ち、大型船舶の入出港時、離岸・接岸などを補助する役割の船舶。

ディバイダー

円周を等分、寸法の転記などに使用される器具。自在な角度に開閉できる二本の脚を持ち、その両端

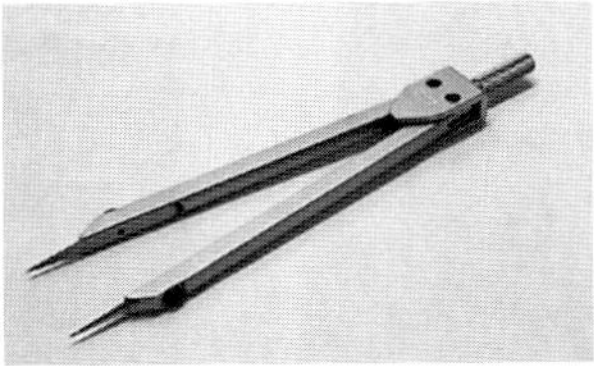

が針になっている。船では、海図上で距離を測る際などに使用する。

艉（トモ）

船尾。

ノット

一時間に1マイル進む、船舶の速度を表す単位。

乗継《のりつぎ》

一人の水先人が一隻の業務終了後拠点に戻らず続けて2隻以上の水先業務を行うことをいう。また、他の水先区の水先人と乗り代わることをいう。

ハーバーパイロット業務

港内で船舶を嚮導し、着岸及び離岸等を行う業務をいう。

パイロット

日本の港や水域に対する豊富な知識と高度な操船技術を兼ね備え船長のアドバイサーとして、船舶を無事目的地まで航行できるように手助けする専門家。その高い専門性から、水先法という法律にもとづき国家資格となっている。水先人。または水先案内人とも呼ばれる。

パイロットサポーター

操船支援のためのパソコン上で動くソフト。パソコンに海図、コースや自動船舶認識システム（AIS）情報を取り込み、操船を支援するもの。

パイロットステーション／Pilot Station（PS）

パイロットが本船に乗り込み、あるいは下船する海上のポイントのことである。内海水先区での船舶と水先人の最初の接触地点である。

和田岬 PS は大阪湾水先区との交代場所、部埼《へさき》 PS は関門水先区との交代場所、関崎《せきさき》 PS は外海との乗下船場所である。

パイロットボート

水先艇、水先人送迎用のボート。

パイロットラダー

水先人乗下船用の縄梯子。

ブリッジ

船橋、操舵室がある。

ベイパイロット業務

港域を除く湾内で船舶を嚮導する業務をいう。

便宜置籍船《べんぎちせきせん》　FOC（Flag of Convenience）

船舶を所有する企業や個人が自国以外の外国に便宜上、船籍を置く船のことをいう。代表的な国は、パナマ、リベリア、バハマなどが挙げられる。船舶に課税される税金が安い、あるいは自国の法律が適用されないなどの理由により便宜置籍化が進んでいる。日本の船舶の便宜置籍化の最大の理由は、日本の法律の適用を免れることで、コストの高い日本人船員からコストの安い外国人船員に代えることが可能となるからである。

マーチス（MARTIS）

Marine Traffic Information Service の頭文字をとったもの。海上交通センター。船舶無線などで通航船舶に対し航行情報提供や大型船舶の航路入航間隔の調整などを行う。明石海峡を中心とした海域を担当するのは、海上保安庁第五管区海上保安本部の大阪湾海上交通センター、通称「大阪マーチス」だ。同所は、淡路島北端の淡路市野島江崎にあり、運用管制官が二交代制で任務にあたっている。

マイル

海里、1.852キロメートル。

《著者紹介》

森　隆行（もり　たかゆき）

1952年　徳島生まれ
1975年　大阪市立大学商学部卒業
同　年　大阪商船三井船舶株式会社（現 株式会社 商船三井）入社
1996年　AMT freight GmbH（出向）社長
2001年　丸和運輸機関（出向）海外事業本部長
2004年　株式会社 商船三井 営業調査室 主任研究員
2006年　商船三井退職
　　　　流通科学大学商学部教授　現在に至る

タイ王国マエファルーン大学特別講師
日本物流学会，日本海運経済学会（副会長），日本港湾経済学会等会員
大坂港港湾審議会 会長，日本ロジスティクスシステム協会（JILS）関西支部運営委員会委員長

主な著書

『現代物流の基礎』（同文館出版），『豪華客船を愉しむ』（PHP 研究所），『戦後日本客船史』（海事プレス社），『神戸客船ものがたり』（神戸新聞総合印刷）（共著），『コールドチェーン』（晃洋書房）（共著），『内航海運』（晃洋書房）（共著），『物流の視点からみた ASEAN 市場』（カナリアコミュニケーションズ）

水先案内人
――瀬戸内海の船を守るものたち――

2017年3月30日　初版第1刷発行
2019年4月25日　初版第3刷発行
＊定価はカバーに表示してあります

著　者　森　隆　行©
発行者　植　田　実
印刷者　田　中　雅　博

発行所　株式会社　晃　洋　書　房
〒615-0026　京都市右京区西院北矢掛町7番地
電話　075(312)0788番(代)
振替口座　01040-6-32280

ISBN 978-4-7710-2864-7

印刷　創栄図書印刷㈱
製本　㈱藤沢製本